U0231726

粮食产业·农民培训精品教材

小麦规模生产与病虫害原色生态图谱

刘虎　田海彬　段恩忠　主编

图文并茂　一看就懂　一学就会　非常实用

中国农业科学技术出版社

图书在版编目（CIP）数据

小麦规模生产与病虫害原色生态图谱 / 刘虎，田海彬，段恩忠主编. —北京 ：中国农业科学技术出版社，2017. 7

ISBN 978-7-5116-3150-3

Ⅰ. ①小…　Ⅱ. ①刘…　②田…　③段…　Ⅲ. ①小麦-栽培技术-图谱 ②小麦-病虫害防治-图谱　Ⅳ. ①S512. 1②S435. 12-64

中国版本图书馆 CIP 数据核字（2017）第 150587 号

责任编辑　褚　怡　崔改泵
责任校对　马广洋

出 版 者　中国农业科学技术出版社
　　　　　北京市中关村南大街 12 号　邮编：100081
电　　话　(010)82109194(编辑室)　(010)82109702(发行部)
　　　　　(010)82109709(读者服务部)
传　　真　(010)82106650
网　　址　http://www.castp.cn
经 销 者　各地新华书店
印 刷 者　北京富泰印刷有限责任公司
开　　本　850mm×1168mm　1/32
印　　张　7
字　　数　188 千字
版　　次　2017 年 7 月第 1 版　2017 年 8 月第 2 次印刷
定　　价　49. 80 元

版权所有・翻印必究

《小麦规模生产与病虫害原色生态图谱》

编 委 会

主　编　刘　虎　田海彬　段恩忠

副主编　李　明　闫玉娟　王彦霞　王晓娟
张　燕　张宗恒　黄　伟　阴秀君
苏玉晓　田　禾　熊凤平　王卫雨
孙桂英

编　委　孙荣跃　贾桂静　贾　德　周　超
姜美丽　李晓婷　王方春　王彦霞
韩　娟

前 言

近年来随着农业的不断发展，农业生产规模生产已不断趋向专业化、标准化、集约化，分散的小农经济逐渐向规模化农业经济转变，规模化生产方式将成为我们未来农业的主要形态。仅在河北省东光县，2016 年小麦规模生产的面积已达 9.2 万亩，占总面积的 21%以上。

小麦规模生产是根据耕地资源条件、社会经济条件、物质技术装备条件及政治历史条件的状况，确定一定的生产规模，以提高农业劳动生产率、土地产出率和小麦商品率的一种农业经营形式。小麦规模生产的最终目的是降低综合成本，使单位面积的收益增加，从而获得良好的经济效益和社会效益。

随着农业集约化、专业化、市场化程度的不断提高，小麦种植结构不断调整，新品种引进不断增加，农机跨区域作业和农产品远距离调运更加频繁，加之气候变化因素的影响，病虫种类也在不断发生变化。因此，如何准确识别并科学防控小麦病虫害是一项十分艰巨而长期的任务。

为了提高小麦规模生产水平，适应小麦规模生产对植保工作的客观需求，我们在调查研究、总结归纳、精练提高的基础上编纂了《小麦规模生产与病虫害原色生态图谱》一书。

本书从小麦规模生产的基础理论、关键技术、发展趋势等方面作了较为详细的介绍。全书结构严谨，具有科学性、实用性强，技术先进成熟，可操作性好，技术要点明确，语句通俗易懂，内容新颖，对指导小麦生产实际、推动小麦规模化产业化的快速发展具有一定的参考作用和现实意义。

《小麦规模生产与病虫害原色生态图谱》由各专家提供了大量的病虫害原色图片，图文并茂，可作为新型职业农民培训、扶贫产业技能培训的教材，也可作为基层农业技术员、示范户学习和参考的资料。

由于编者水平有限，加之时间仓促，书中不妥之处在所难免，敬请广大读者批评指正。

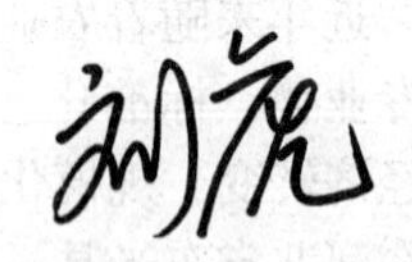

目　　录

第一章　小麦的生长发育与产量形成

第一节　小麦的一生

一、小麦的生育期

小麦的一生是指小麦从种子萌发到产生新种子的过程。因为种子萌发到出苗的时间受土壤水分、温度等因素的影响较大，所以一般将小麦从出苗（或播种）至成熟所经历的阶段称为“生育期”。小麦生育期的长短因栽培地区的纬度、海拔高度、耕作制度及品种特性的不同而有很大差异。一般纬度或海拔越高，小麦生育期越长。低纬度地区，冬季较短，小麦播种较迟，越冬期短，所以生育期较短。在同一地区，不同品种小麦生育期长短不同，春性品种生长发育快，成熟早，生育期较短；冬性品种生长发育慢，成熟晚，生育期较长。同一品种的播期不同，生育期也不同，迟播的小麦生育期较短，早播的小麦生育期较长。

二、生育时期

小麦的一生中，外部形态、内部生理特性等方面都会发生一系列变化，这些变化是品种遗传特性、生理特性和外界环境相互作用的结果。人们为了研究、交流和栽培管理的方便，根据小麦生长发育过程中一些明显的形态表现或生理特点，将小麦的一生划分为若干时期，即播种期、出苗期、三叶期、分蘖期、越冬期、返青期、起身期、拔节期、孕穗期（挑旗期）、抽穗期、开花期和成熟期。

（一）播种期

指小麦的播种日期。

（二）出苗期

小麦的第一片真叶露出地表 2~3 厘米为出苗，田间有 50%以上麦苗达到出苗标准时的时期，为该田块小麦的出苗期。

（三）三叶期

田间有 50%以上麦苗主茎的第三叶伸出 2 厘米左右的时期，为该田地小麦的三叶期。

（四）分蘖期

田间有 50%以上麦苗的第一分蘖露出叶鞘 2 厘米左右的时期，为该田地小麦的分蘖期。

（五）越冬期

冬麦区冬前日平均气温降至 1℃以下，麦苗基本停止生长，次年春季平均气温升至 1℃以上，麦苗恢复生长，这段停止生长的阶段称为小麦的“越冬期”。但安徽省特别是淮南地区，小麦苗在冬季仍在缓慢生长，通常从冬前日平均气温降至 3℃开始，到次年平均气温升至 3℃结束，其间所经历的阶段为该区小麦的越冬期。

（六）返青期

越冬后，春季气温回升，新叶开始长出的时期为小麦的返青期。安徽省小麦的返青期大约在 2 月 20 日。

（七）起身期

主茎春生的第一叶叶鞘和年前最后一叶叶耳距相差 1.5 厘米左右，茎部第一节间开始伸长（长度为 0.1~0.5 厘米），但尚未伸出地面时为小麦的起身期。起身期一般比拔节期早 7~10 天。

（八）拔节期

田间有 50% 以上植株茎部的第一节间露出地面 1.5 ~ 2.0 厘米的时期，为该田地小麦的拔节期。安徽省拔节期一般为 3 月 10 号左右，淮北较迟。

（九）孕穗期（挑旗期）

当小麦旗叶完全展开，叶耳可见，旗叶叶鞘包着的幼穗明显膨胀时，大穗进入四分体分化期，全田 50% 植株达到此状态的时期，为该田地小麦的孕穗期（挑旗期）。该时期，旗叶与倒二叶叶环距长约 1 厘米。

（十）抽穗期

全田 50% 麦穗顶部露出叶鞘 2 厘米左右的时期，为该田地小麦的抽穗期。另一标准是全田 50% 以上麦穗（不包括芒）由叶鞘中露出穗长的 1/2 的时期，为小麦的抽穗期。安徽省小麦的抽穗期一般在 4 月 20 日左右。

（十一）开花期

全田 50% 的麦穗上中部的花开放，露出黄色花药的时期，为该田地小麦的开花期。

（十二）成熟期

（1）蜡熟期。籽粒大小、颜色接近正常，内部呈蜡状，籽粒含水约 25%，叶片基本变干。蜡熟末期籽粒干重达最大值，是适宜的收获期。

（2）完熟期。籽粒已具备品种正常大小和颜色，内部变硬，含水率降至 22% 以下，干物质积累停止。沿淮地区的小麦大约在 5 月底收获。

三、小麦生长的三个阶段

在小麦的一生中，形态形成有两个明显的转折点。一是幼穗开始花器分化，自拔节开始，以起身（即生理拔节或幼穗分化到二棱末期）为转折点；二是器官（包括营养器官和生殖器官）全部形成，开花受精，植株转入下一代种子的形成，以开花为转折点。以这两个转折点为界，可以把小麦的一生分为3个生长阶段。

（一）幼苗阶段

从种子萌发到起身期，通常称为“幼苗阶段”，该阶段的天数为120~140天，淮南短，淮北较长。在幼苗阶段，小麦只分化出叶、根和蘖。由于分蘖基本上都在此阶段出现，所以在此阶段确定群体总茎数，能为最后穗数奠定基础。如果分蘖数量不足或过多，可以在这个阶段采取措施，促其增加或控制其过量出现。该阶段在生产上是决定穗数的关键时期。

（二）器官形成阶段

这个阶段是花器分化时期，因而是决定穗粒数的关键时期。分蘖经过两极分化，有效分蘖和无效分蘖界限分明，群体穗数也在此阶段最后确定。这个阶段形成小麦的全部叶片、根系、茎秆和花器，植株的全部营养器官和结实器官也均形成，是小麦一生中生长量最大的时期。

（三）籽粒形成阶段

籽粒灌浆、成熟是渐进的过程，需30~40天。这个阶段涉及营养物质的转移和转化以及水分的散失，无论对小麦产量形成还是品质的优劣都是关键时期。

第二节 小麦的生长发育及对环境的要求

一、小麦的阶段发育

在农业生产实践中，若把典型的冬小麦品种在春天播种或把北方冬麦区品种引种到南方，即使肥水充足，小麦也会一直停留在分蘖丛生状态，不能拔节，更不能抽穗结实；如果在冬麦区秋天播种春小麦，小麦常常会临冬拔节而冻死。这种现象是因为小麦从种子萌发到成熟的周期中，必须经过几个循序渐进的质变阶段，才能由营养生长转向生殖生长，完成生活周期。这种阶段性发育称为“小麦的阶段发育”。

小麦的阶段发育特性是小麦长期在世界各地不同的环境下生长，不断适应当地的生长环境，经过长期的自然选择和人工选择的结果。在小麦的一生中，被研究得比较透彻且与生产实际有密切关系的是“春化阶段”和“光照阶段”。

小麦的一生可以划分为 3 个发育阶段，即营养生长阶段、营养生长与生殖生长并进阶段和生殖生长阶段。每个发育阶段都需要综合的外界条件作保障，如水、温度、阳光、养分等，而其中有 1~2 个因素起主导作用。每个发育阶段都有着不可逆性，条件不适宜时，小麦将停止发育。小麦营养体生长到一定程度后，需要一定的温度，茎端生长锥才能向幼穗分化；之后又需要一定的日照，才能使幼穗正常发育。前者被称为“春化阶段”，后者被称为“光照阶段”，二者具有严格的顺序性。在自然界中，温度和日长的变化是有规律的，因而已成为调节小麦生长的信号，并在小麦生产中发挥着重要的指导作用。

二、春化阶段（感温阶段）

小麦从种子萌动开始到生长锥伸长，必须经过一个零上低温阶段，然后才能抽穗、开花、结实，这一现象被称为小麦的“春化现象（春化阶段）”。春化阶段开始于种子萌动，结束于生长锥伸长，但也有很多学者认为二棱期才是春化阶段结束的标志。小麦春化阶段接受低温反应的器官是萌动种子胚的生长点或绿色幼苗茎的生长点。

（一）分类

由于小麦广泛分布于世界各地，其生长发育与演化经历了长期的自然与人工选择过程，因而产生了不同的生态类型。崔继林、黄季芳等曾根据小麦经过春化阶段要求的温度高低与时间长短，把小麦分为春性、半冬性、冬性3种类型；而罗春梅等则把小麦划分为强春性、春性、偏春性、弱冬性、冬性和强冬性六种类型。目前，比较容易接受的还是前一种分类方法。

1. 冬性品种

对温度极为敏感。春化阶段适宜温度为0~5℃，需经历30~50天，其中只有在0~3℃下、经过30天以上才能通过春化阶段的品种，为强冬性品种。没有经过春化阶段的种子在春季播种不能抽穗。

2. 半（弱）冬性品种

对温度要求介于冬性和春性之间。春化阶段的适宜温度为0~7℃，一般需要经过15~35天的时间。未经过春化处理的植株不能抽穗或抽穗延迟且不整齐。

3. 春性品种

通过春化阶段时对温度要求范围较宽，经历时间也较短。一般春化阶段的适宜温度为7~15℃，需要经过5~15天的时间。未经过春化处理的植株不能正常抽穗。

我国秋播小麦的冬性程度为：南方品种春性较强，向北推移春性增强，华南、长江流域的品种以春性为主，海拔高的地区有少数冬性品种，黄淮麦区的冬小麦多是半冬性品种，北部冬麦区的冬小麦都是冬性品种。

(二) 影响小麦春化速度的因素

小麦春化速度受温度、水分、营养物质、光照和空气等因素的影响。

1. 温度

小麦春化阶段需要的最适温度较高的品种，通过春化阶段所需时间短；需要的最适温度较低的品种，通过春化阶段所需时间长。同一品种在外界气温较高的情况下，春化时间较长；

在外界气温较低的情况下，春化时间较短。但由于春化需在一定的生长过程中进行，任何品种当气温低于0℃时，春化速度都会降低，-4℃时甚至停止。在春化阶段，如遇到较长时间的高温，特别是在春化阶段进行得不够充分时，也会降低春化作用的效果。出现这种现象时，只要以后温度适宜，仍可重新进行春化。

2. 水分

小麦种子的含水量低于45%时，胚的生长停止，春化过程会出现停顿。干燥种子无萌动基础，是不能进行春化的；土壤严重缺水的时候，也可能会导致已开始春化植株的春化效果被解除。

3. 营养物质

饱满的种子是提供幼芽（种子）春化的最初物质来源，能加快幼芽的春化。春化期间，多核糖体在胚内含量增加，因而春化效果强烈。铜、锌、锰、硼等元素不但能促进麦苗初期生长，而且能加快小麦春化阶段的发育。但氮肥有延缓春化的作用。

4. 光照

种子春化消耗的是胚乳中贮存的糖，因此光照对种子春化作用无影响。但幼苗春化时，光照强度对苗体中糖分的积累有直接影响，充足的光照有助于提高幼苗春化的效果。

5. 空气

小麦的春化过程与生长过程紧密相连，都伴随着糖的氧化和分解。氧气是春化阶段的必需因素，缺氧会严重影响春化的进行。促进春化进行的春化物质——春化素是糖分解过程中的中间产物，而糖的分解要有氧气的存在。

小麦通过春化阶段以后，植株抗寒能力下降，因此一般各地的冬小麦都是在温度上升到一定程度后，才通过春化阶段，从而保障了麦苗的安全越冬，并进一步生长。

三、光照阶段（感光阶段）

小麦通过春化阶段后，在外界条件适宜时，便进入第二阶段——光照阶段。此发育阶段的主要影响因素为日照，其次是温度，即这一阶段要求一定的日照长度和较高的温度，如日照长度不能满足需求，小麦就不能开花结实。光照阶段接受日照，反应较强烈的器官是成年小麦叶片。小麦品种因起源地不同，对日照长短的反应敏感性也不相同，其总趋势是：越往北的品种，对日照长度的反应越敏感；越往南的品种，对日照长度的反应越迟钝。

（一）分类

我国栽培的小麦品种，根据对日照长短的不同反应可分为以下三类。

1. 反应迟钝型

在每天8~12小时的光照条件下，经过16天就能顺利通过光照阶段。这类小麦多属于原产于低纬度地区的春性小麦。

2. 反应中等型

在每天12小时的光照条件下，经过24天可以通过光照阶段。一般半冬性品种属于这一类型。

3. 反应敏感型

在每天8~12小时的光照条件下，不能通过光照阶段，但在每日12小时以上的光照条件下，经过30~40天才能通过光照阶段。冬性品种和高纬度地区的春性品种多属于这一类型。

（二）影响光照阶段进行的因素

小麦光照阶段的发育除受光照时间影响外，还受温度、水分、营养物质、苗龄等因素的影响。

1. 温度

温度对小麦光照阶段的进行也有较大的影响。据研究，4℃以下时光照阶段不能进行；15~20℃为最适温度；高于25℃或低于10℃时，小麦通过光照阶段的时间就较长。因此，有的冬小麦入冬前可以完成春化阶段，但由于气温低于4℃，不能进入光照阶段。小麦进入光照阶段以后，新陈代谢作用明显加强，抗寒能力降低，这个特性有利于防止冬小麦冬季遭受冻害。北方冬季比较寒冷，气温较低，小麦完成春化阶段后不能进入光照阶段；南方冬季气温相对较高，小麦完成春化阶段后能进入光照阶段，保持生长一直进行。

2. 水分

水分不足时，小麦植株生长减慢，光照阶段则加速进行。但缺水超过一定限度，又会延缓光照阶段的进行。

3. 营养物质

氮肥过多，麦株内含氮化合物大量形成，会消耗过多糖分，导致生长锥糖分营养相对减少，延长光照阶段进行时间；磷肥则对光照阶段的进行有促进作用。

4. 苗龄

幼苗阶段，小麦对日照时间的长短无反应，唯有达到一定苗龄后，小麦才能感受到日长反应。苗龄增加，光合产物增加，敏感性增强；苗龄过大，敏感性又会降低。

小麦的光照阶段从茎生长锥伸长期开始，到雌、雄蕊原基分化期结束。小麦是否进入或通过光照阶段的判断依据是小麦拔节和穗分化的情况。生长点开始伸长并继续进行穗分化，则表明小麦开始进入光照阶段；小麦开始拔节，幼穗分化出的雌、雄蕊原基突出，说明小麦已经通过光照阶段。

四、小麦阶段发育特性在生产上的应用

（一）在引种方面的应用

北种南引：小麦春化阶段要求低温，且光照阶段要求长日照，南方很难满足要求，小麦常表现为迟熟，甚至不能正常抽穗，故引种不易成功；南种北引：低温、长日照条件都能够保证，小麦表现为早熟，但抗寒性弱，易遭受冻害，难以越冬，产量低。所以，原则上应从纬度相同或相近的生态区内引种。例如，在安徽、江苏、河南这些生态环境相近的省份之间引种，成功的几率就比较大。但还必须注意各地的海拔高度及有关生态条件。

（二）在品种布局与播期方面的应用

冬性品种，春化阶段要求低温且历时长，早播，冬前不会拔节抽穗，还有利于扎根分蘖，增穗、增产；春性品种播种过早，因通过春化阶段的温度范围较宽，且时间较短，所以能很快通过春化阶段而进入光照阶段，冬前就有可能拔节抽穗，但会因易遭受冻害而减产，所以应适当迟播。

（三）在合理密植方面的应用

根据小麦阶段发育与器官形成的关系，可适当调整播种量。凡是冬性强、春化阶段较长的品种，分蘖时间长、分蘖力较强，基本苗应少些，应充分利用分蘖成穗；春性品种的春化阶段较短，分蘖时间短、分蘖力较弱，应适当增加播种量。

（四）在育种上的应用

在育种上，可以通过人工气候室给小麦提供最适宜的温度和光照条件，缩短小麦春化阶段和光照阶段所需要的时间，缩短生育期。育种上可用此方法加速育种，例如在人工控制的环境下，小麦一年可以繁育四代，这样就可以大大缩短育种的年限，加速小麦育种的进程。

（五）在器官促控上的应用

小麦的春化阶段和光照阶段刚好是小麦幼穗发育的前中期。该阶段时间越长，主茎叶片数越多，分蘖数越多，单株穗数越多，越有利于分化出更多的小穗和小花。实践证明，充足的基肥和苗肥，可以培育出壮苗；中期管理好肥水，有延缓光周期反应、增加小穗数的作用；孕穗期保证充足的水分和物质营养，可以提高小花结实率，达到培育大穗、夺取高产的目的。

第三节　小麦的器官形成

一、叶

叶是小麦进行光合、呼吸、蒸腾作用的重要器官，也是小麦对环境条件反应最敏感的部位。生产上，常根据叶的长势和长相进行一些判断，如肥水是否充足、缺素症状的诊断等。

（一）叶的结构

小麦的叶有两种：不完全叶和完全叶。不完全叶包括胚芽鞘和分蘖鞘；完全叶由叶片、叶鞘、叶舌、叶耳等组成。

（二）叶的功能

绿色叶片是光合作用的主要器官，小麦一生中所积累的光合产物大部分由叶片所制造，叶片的光合能力是逐步提高的。在叶片长度达总长度的1/2时，才能输出光合产物，供给其他部分的生长需要。成长叶光合能力最强，衰老叶功能下降，当衰老叶面积枯黄率达30%时，不再输出光合产物。叶片光合能力虽然很强，但在一昼夜间其本身的呼吸往往需要消耗光合产物的15%~25%。在阴雨、郁蔽等不良环境下，呼吸消耗得还要多，甚至达30%~50%。小麦一生中以旗叶功能最强。据测定，旗叶所积累的光合产物为苗期到成熟期光合作用总产物的1/2。旗叶光合功能比低位叶高10~30倍。

二、根系

根系不仅是吸收养分和水分、起固定作用的器官，也参与物质合成和转化过程。所以，对根系生物学和生态条件的研究越来越被人们重视。壮苗先壮根，发根早、扎根深、根系活力强是小麦获得高产的基础。

三、茎

小麦的茎由节和节间组成，分为地中茎（根茎）、节间部伸长的茎（分蘖节）和地上部伸长的茎（一般为4~6节，多为5节）。其功能主要是运输和贮藏养分，还有一定的光合作用。

小麦的茎一般有12~14个节及节间（地中茎除外），分为地下（分蘖节）和地上两部分。地下部分的节间部伸长，形成分蘖节。地上部分的节间伸长，一般为4~6个，多数为5个节间。

小麦的茎节原始体在起身期开始伸长，其伸长具有顺序性和重叠性。温度上升到10℃以上时，第一伸长节间开始伸长。伸长由下向上依次进行，在下一节间快速伸长的同时，相邻的上一节间也开始伸长，伸长活动一直持续到开花期才结束。伸长了的小麦茎秆横切面呈圆形、中空，节间全部被叶鞘包被或部分被包被。节间长度以基部第一节间最短，向上依次增长，穗下节间最长，一般占全部茎节总长的40%~50%。茎节的粗度通常为：第一节间较细，第二、第三节间开始加粗，最上一节间又变细。茎壁的厚度却自下而上逐渐变薄，以基部第一节间最厚，向上变薄。同一节内基部较厚。当基部节间伸长到3~4厘米（露出地面约1.5厘米）时，为拔节。

四、穗

小麦的穗由穗轴和小穗组成。穗轴由许多节片组成，每节着生一枚小穗，穗节片的长短和数目因品种不同而各异，并决定着麦穗的疏密程度和穗形、大小等性状。小穗由两枚护颖及若干小花组成，一般每穗小花数为3~9朵，通常仅基部2~3朵小花结实。小花由外稃、内稃、2个鳞片、3个雄蕊和1个雌蕊组成。

小麦穗的分化，根据形态变化特征可分为8个时期：伸长期、单棱期（穗轴分化期）、二棱期（小穗原基分化期）、护颖原基分化期、小花原基分化期、雌雄蕊原基分化期、药隔形成期和四分体形成期。达到四分体形成期的时候，植株进入孕穗期。

五、抽穗开花与结实

小麦抽穗开花后，植株营养生长基本停止，转入以籽粒形成与灌浆增重的生殖生长阶段。在这个阶段，要经过抽穗、开花、受精、籽粒形成，直至灌浆成熟，才能最终形成产量。

（一）抽穗开花

小麦穗器官发育完全后，穗下节间伸长，将麦穗送出旗叶的叶鞘，露出顶小穗，这个过程称为“抽穗”。小麦抽穗期因品种、播种期、气候条件不同而异。主茎早于分蘖；春性品种早于冬性品种；春性品种播种早的抽穗也早；高温干旱年份抽穗也早。

小麦一般在抽穗后2~5天开始开花，也有在抽穗当天或抽穗后十多天才开花，边抽穗、边开花的现象也存在。开花顺序为先主茎后分蘖，一穗上先中部小穗，而后上、下部各小穗。同一个小穗，自基部小花顺次向上开。一穗开花时间为3~5天，全田开花可持续6~7天。在一天中，开花有两个高峰：一是9：00—11：00，另一是15：00—18：00。开花最低温度为9℃，最适温度为18~20℃，最高温度为30℃，高于30℃且土壤水分不足或伴有大风时，授粉、受精均会受到影响而结实率降低。最适于开花的空气相对湿度为70%~80%，低于20%，授粉、受精均会受到影响。

小麦是自花授粉作物，天然异交率一般不超过4%。开花期间是小麦体内新陈代谢最旺盛的阶段，需要消耗大量的能量和营养物质，也是一生中日耗水量最大的时期，对缺水反应极其敏感。所以，抽穗开花期间应保持良好的土壤肥水条件。

（二）籽粒形成与灌浆的阶段划分

小麦从开花到成熟一般约需 35 天，安徽小麦多在 35～40 天。根据籽粒发生的一系列变化，这段时间一般可分为 3 个阶段，即籽粒形成阶段、灌浆阶段和成熟阶段。

1. 籽粒形成阶段

从受精后坐脐到多半仁形成为籽粒形成阶段。该阶段一般持续 10～15 天，籽粒外形已基本完成，长度达最大值的 3/4，含水量在 70%以上，干物质积累较少。籽粒表面由灰白色逐渐变为灰绿色，胚乳由清水状变为清乳状。此阶段如遇高温干旱、阴雨连绵、病虫害或其他不良条件，顶部和基部一部分小穗的胚和胚乳就会停止分化发育、萎缩退化，甚至到多半仁时还会退化，结实粒数减少。

2. 灌浆阶段

灌浆阶段可以划分为乳熟期和面团期。

乳熟期历时 12～18 天。乳熟期是灌浆最旺盛的时期，该时期茎叶中营养物质迅速、大量地向籽粒运送，干物质增长极快，含水量由于干物质的不断积累而下降（由 70%逐渐下降到 45%左右）。该阶段开花后 20～24 天，小麦籽粒的长度、宽度、厚度达到最大值。籽粒外观由灰绿色变为鲜绿色，再进一步转为绿黄色，表面有光泽，胚乳由清乳状变为乳状。植株基部叶片变枯黄，中部变黄，上部叶片、节间和穗尚保持绿色。乳熟期越长，积累的养分越多，籽粒越饱满。在高温干燥的条件下，或遇干热风后转晴天气，乳熟期会缩短，导致植株积累的养分减少，籽粒瘦小。

面团期历时约3天，籽粒含水量下降为38%~40%，干物重增加转慢，籽粒表面由绿黄色变为黄绿色，失去光泽，且胚乳内含物呈凝胶状。面团期是鲜重最大的时期。

3. 成熟阶段

成熟阶段可以划分为蜡熟期和完熟期。

蜡熟期一般历时3~7天。蜡熟末期干物质积累达最大值，生理上已正常成熟，是带秆收割的最适期，若机械收获可晚些。该时期籽粒含水量由38%~40%急剧下降至22%~25%，籽粒由黄绿色变为黄色，胚乳由凝胶状变为蜡质状。旗叶稍变黄，其余叶片干枯，穗下节间和穗变黄，有芒品种芒未炸开。

完熟期籽粒含水量继续下降至20%以下，干物质停止积累，体积缩小，籽粒变硬，已不能用指甲切断，即已变为“硬仁”，表现出成熟种子的特征特性。如果在初期不能及时收获，不仅容易断穗掉粒，造成损失，而且由于雨露淋溶和呼吸作用的消耗等，籽粒重量也会下降。

（三）影响籽粒灌浆成熟的外界因素

小麦籽粒灌浆是否充分，对粒重和产量的影响很大。影响籽粒灌浆成熟的外界因素主要有温度、光照、水分和养分等。

1. 温度

温度对籽粒灌浆有显著的影响。灌浆的适宜温度为20~22℃，昼夜温差大，白天光合作用积累的物质多，晚上呼吸作用消耗的物质少，干物质积累多，粒重大，产量高。温度高于25℃时，灌浆速度加快，但失水加快，叶内碳、氮、叶绿素含量下降，叶片早衰，同化物减少，灌浆期缩短，籽粒小，产量低。同时，高温加速了籽粒的呼吸作用，消耗的碳水化合物增多，但增强了土壤的硝化作用，有利于籽粒蛋白质的积累。温度高于30℃时，即使有灌水条件，也易导致胚乳中淀粉积累提前停止。当温度降低至15~17℃时，籽粒灌浆成熟过程缓慢，持续时间长，可使粒重增加，产量增加，但籽粒含氮量降低。

在小麦灌浆过程中常会出现30℃以上的高温，使叶片过早死亡，灌浆中途停止，对粒重影响极大。若在高温情况下，再出现旱情，灌浆初期发生干热风，不仅会影响授粉结实，而且易造成高温逼熟，一般会减产5%～10%，严重者甚至达20%以上。安徽省在灌浆中后期，部分年份会出现干旱和高温现象，影响小麦的灌浆和产量的提高。

2. 光照

小麦籽粒产量主要来自开花后的光合产物，所以抽穗开花后光照强度、时间与籽粒灌浆和产量都有极为密切的关系。小麦灌浆期间阴雨、高温和光照弱是麦粒不饱满的原因。

3. 水分

麦粒灌浆期，适宜的土壤含水量应在田间持水量的75%左右。水分过多、过少均不利于籽粒灌浆结实。灌浆期间若水分不足，特别是遇到高温干旱，上部叶片会早衰，光合产量低，叶面蒸腾作用加强，灌浆提早结束，致使麦粒干瘪瘦小。如遇雨水过多，不注意排水，则会导致根系活力降低，吸水能力下降。天气乍晴常会造成小麦早衰逼熟、麦粒细小、产量降低。

4. 养分

适当供给氮肥可以防止小麦早衰，延长叶片功能期，有利于籽粒灌浆，增加粒重和蛋白质含量。但氮肥过多，麦株吸收过多的氮素，易引起贪青晚熟，反而使输往籽粒的碳水化合物显著减少，也会使粒重降低，同时还有可能增加倒伏的危险。磷、钾肥可以促进糖分和含氮物质的转移和转化，对灌浆成熟有利，但会使籽粒含氮量呈降低的趋势。

（四）提高粒重的途径

1. 增加籽粒干物质来源

籽粒干物质的来源主要有两个方面：一是抽穗前，在茎、叶鞘中的贮藏物质，含量近1/3；二是抽穗后，绿色面积进行光合作用所形成的光合产物，占 2/3 以上。其中，上部茎生叶起主要作用，尤其是旗叶，其光合产物约占籽粒干物质总重的 1/3。因而在籽粒灌浆后期应保持一定的绿叶面积，以防止早衰、青枯和病虫害，延长其功能期。

2. 扩大籽粒容积

籽粒容积的大小是影响千粒重高低的主要因素。籽粒容积与籽粒形成过程中胚乳的发育有密切关系。如果这个时期干旱或有其他不利状况发生，都会导致籽粒容积缩小，所以在这个时期要保持充足的水分供应。

3. 延长灌浆时间和提高灌浆强度

灌浆时间和灌浆强度是影响粒重的关键因素，除了品种特性外，还与植株营养状况、灌浆过程中的环境有关。如植株碳、氮营养失调，氮素营养过剩，都会引起贪青晚熟，降低灌浆速率，减轻粒重。另外，高温干旱、光照不足、肥水运用不当等都会影响灌浆速率。充足的光照条件，昼夜温差较大且日平均气温较低，灌浆持续时间较长，都会使粒重增加。如果在满足孕穗水分的基础上，后期适当控制水分供应，则可使籽粒的灌浆速度快、强度大、千粒重高。

4. 减少干物质积累的消耗

主要是要适时收获，蜡熟期末、完熟期初粒重最高，收获最好。

第四节 小麦分蘖的生长

一、分蘖节

分蘖节是地下部伸长的节间、节、腋芽等紧缩在一起的一个节群，它位于地中茎上方，长约 1 厘米。分蘖节位于地表下 2~3 厘米，其主要功能是：不断分化叶原基、蘖芽原基和根原基；存在大量的维管束，连接主茎和分蘖、根系；是贮存器官，贮藏物中的碳水化合物可以增加植株的抗寒能力；还是维持小麦呼吸的底物以及返青的重要物质基础。

二、分蘖的发生规律

适期播种条件下，出苗后 15～20 天，主茎伸出第三叶时，长出胚芽鞘分蘖；主茎第四叶伸出（4/0）时，第一叶分蘖伸出；主茎第五叶伸出时，第二叶分蘖长出。以此类推，每增加一个叶片，多长出一个分蘖。当分蘖长到 3 片叶的时候，在分蘖上面的第三叶下的胚芽鞘中也长出一个分蘖；当分蘖长到 4 片叶的时候，在分蘖上面的第三叶的叶腋处又长出一个分蘖。以此类推，每增加一个叶片，多长出一个分蘖。小麦开始长茎秆的时候，小麦的分蘖不再长出。当小麦茎秆伸长到 3～4 厘米，即达到小麦拔节期的时候，小麦的大批小分蘖集中死亡，只有 3 片叶子的分蘖，因自身制造的光合产物能够供给自身的需要，所以能够存活下来，最终发育成穗。

小麦分蘖在拔节期后大量集中死亡的原因是：小麦植株的物质分配随着生长发育时期的不同而出现有规律的变化。在分蘖期，植株的物质分配中心是新生分蘖，主茎和早期分蘖所制造的营养物质较多地供给新形成的小蘖，以利于小蘖的生长；拔节以后，主茎和大蘖的幼穗需要大量养分，植株的代谢中心和营养中心开始转向生殖生长，因此，主茎与大蘖所创造的营养物质较多地供给生殖器官和根系，对小蘖的供应迅速降低。若小蘖不具备独立营养能力，则会很快衰老死亡。

三、影响分蘖的因素

小麦分蘖不是越多越好，而是要根据品种特性、生态环境、栽培条件、产量水平等因素，把利用分蘖的可能性和生产条件统一起来，使植株有一定数量的分蘖，保持单位面积有足够的穗数。

（一）品种特性

一般冬性品种因春化阶段较长，分化的叶原基和蘖芽原基的数量较多，分蘖力较强；春性品种分蘖力较冬性品种弱，但不同生态类型的品种间分蘖力差异较大，同一品种所处的环境不同，其分蘖力亦不相同。

（二）环境

从温度方面来看，分蘖的最适温度为13~18℃，高于18℃，分蘖减缓，分蘖的最低温度为3~4℃。冬前温度高或暖冬年，小麦单株分蘖多；秋寒或冷冬年，小麦单株分蘖少。

从土壤水分方面来看，适宜小麦分蘖的土壤含水量为田间持水量的70%~80%。土壤过于缺水，会抑制分蘖的产生；土壤水分过多，由于土壤缺氧，会造成黄苗，导致小麦迟迟不发生分蘖。

从光照方面来看，麦田光照不足，会影响有机营养的制造，使分蘖发生缓慢，甚至停止。在生产上主要受种植密度的影响：苗密，光照条件差，则分蘖力弱；苗稀，光照条件好，则分蘖力强。

从肥料方面来看，分蘖发生需要大量的氮、磷营养物质，配合使用并施足氮肥和氮磷肥可明显地促进分蘖，使蘖足、蘖壮。

（三）播种期

早播小麦，由于气温高，分蘖多且大蘖多，成穗率高。故早播宜稀，晚播宜密，以防群体过大，发生倒伏，使小麦减产。

（四）播种密度

播种密度主要影响群体光照条件和对肥水的利用状况。密度大则分蘖力弱，密度小则分蘖力强。

（五）整地质量

麦田平整，耕作层深厚和土粒大小适宜，有利于形成壮苗，提高分蘖力和成穗率。

（六）播种质量

适宜的播种均匀度，无缺籽、露籽、丛籽和深籽现象，能显著提高小麦分蘖力。播种深度对分蘖的影响较大：播种过深，小麦出苗时间延长，幼苗在出土时消耗大量的营养物质，植株分蘖力显著下降，易造成分蘖迟缓和缺位；播种过浅，如遇干旱，分蘖节处于干土中，也会使分蘖力下降。在土壤过湿情况下，播种宜浅，否则容易闷种；干旱时播种深度则应适当加深。

第五节　小麦的产量形成

一、小麦产量形成的物质基础

小麦籽粒90%以上的物质来自光合作用的产物，而来自土壤中的无机盐类不足10%，因此提高小麦产量的根本途径是提高光能利用率。光合作用是作物产量的主要来源，光合作用形成产物的多少受到光合性能五个方面的影响，即光合面积大小、光合生产率大小、光合时间长短、光合产物消耗的多少、光合产物的分配利用。因此，合理的栽培管理措施，可以使小麦具有合理的绿叶面积，在单位时间内叶片固定较多的碳水化合物，同时可以减少小麦的呼吸消耗，提高光合产物在籽粒中的分配比例等，从而获得较高的产量。

二、小麦产量的形成及决定因素

小麦籽粒产量由单位面积穗数、每穗粒数和粒重3个因素构成。这3个因素受品种特性、生态环境、肥水管理技术等因素的影响，只有这3个因素协调发展，小麦才能获得高产。

（一）小麦的穗数、粒数、粒重形成于小麦的不同生长阶段

1．单位面积穗数决定于基本苗数、单株分蘖数和分蘖成穗率

主茎一般情况下是发育成穗的，入冬前发生的分蘖最终发育成穗的几率较高；春季发生的分蘖最终发育成穗的几率较低。小麦分蘖发生的时期、数量和成穗率与品种特性及栽培技术有关。在播种时应根据品种阶段发育与栽培特性、土壤肥力、产

量指标、播种期及气候条件等因素确定合理的基本苗数，并在播种后加强管理，保证实现最佳穗数。

2. 每穗粒数决定于小穗、小花的分化数和结实率

小穗分化数由基部第一伸长节间开始伸长前决定，小花分化数由小麦旗叶长出前决定。小花退化主要集中在花粉母细胞减数分裂期，已分化的小花60%~70%在此期间退化，还有部分小花在开花期不能正常受精而败育。在正常生长条件下，提高每穗粒数的关键是减少小花退化数。因此，要保证小麦高产，应在孕穗至开花期进行良好的肥水供应，以减少小花退化数，增加可孕小花数，提高每穗结实粒数。

3. 粒重主要决定于生育后期

籽粒灌浆物质来自于抽穗前茎鞘等器官中贮藏的物质和开花后输送的光合产物。在高产条件下，后者在籽粒灌浆物质中的比例较大，即粒重的高低主要取决于开花后的光合产物量及其向籽粒运转的运转率。因此，在小麦的生育后期，应注意采取合理的栽培管理措施，保证充足的光合作用。

（二）有着不同的产量结构和主攻方向

不同生产条件和产量水平下，有着不同的产量结构和主攻方向。中低产麦田因肥水条件有限，光合面积小，穗数不足，产量很难提高。因此，增施肥料、培肥地力、扩大光合面积、主攻足穗是该类麦田的主要增产途径。随着生产条件的改善、地力的提高、施肥量的增加，若继续增加穗数，往往会因群体过大、个体生长不良，造成每穗粒数和粒重下降，甚至导致倒伏减产。因此，高产田应保持适宜的光合面积，合理控制最高茎蘖数，建立高光合群体，提高生育后期光合生产能力。该类麦田应由增穗转为适当降低基本苗，在保证足穗的基础上，主攻穗粒数和粒重，以实现高产。

三、建立合理群体结构的途径

大田中的小麦群体由许多个体组成。小麦的群体结构是指组成这一群体的各个单株以及总叶面积、总茎数、总根数在空间分布和排列的动态情况。群体结构因自然条件、耕作制度、品种特性和栽培技术而不同。从调节基本苗出发，要想建立合理的群体结构，以创高产，大体上有3条途径。

（一）以分蘖成穗为主

每亩[①]基本苗8万~12万，中穗型品种，冬前每亩总蘖数60万~70万，春季最大总蘖数70万~80万，每亩穗数40万~45万，单株成穗4~5个。肥水等生产条件较好以及适期播种的麦田采用此途径。生产上应注意选用冬性、分蘖力强、叶片狭小、成穗率高且茎秆坚韧的品种。

（二）以主茎成穗为主

每亩基本苗多（30万~40万），群体大（每亩总蘖数最高可达120万），分蘖成穗率低，单株成穗1.2~1.5个。该途径适合于中等肥力以下的麦田或春麦区和晚播冬麦区。对于中等肥力以下的麦田，宜采用耐瘠薄品种；而对于肥水条件较好的晚麦区，可采用春性或半冬性、株高中等、茎秆粗壮抗倒伏、穗大粒多的品种。

（三）分蘖与主茎成穗并重

基本苗中等，每亩基本苗15万~20万，每亩冬前总茎数50万~80万，最高总茎数60万~100万，在总穗数中主茎穗及分蘖穗各占一半。可以通过促进个体健壮发育，争取足够的穗数和较高的穗粒重而获得高产。一般利用分蘖力中等的品种，在中等地力条件下使用。肥水管理遵守“冬前促、返青期控、拔节孕穗攻穗重”的原则。

---

① 1亩≈666.7平方米。全书同

第二章 麦田管理技术

第一节 整 地

整地是小麦播种前整理土地的作业，包括耕地、耙地、旋耕、施肥、开沟、平整等操作内容。为提高耕地的可持续生产力，必须采用科学合理的土壤耕作制。

一、合理的土壤耕作制

合理的土壤耕作制是指对不同前茬作物收获后的土壤进行的一系列相互配合的耕作措施，也就是选用什么样的耕作方式以及各种方式如何配套的问题。合理的耕作制可以实现土壤的用养结合，不断改善耕层构造，调节土壤水分、养分，清除杂草，提高土壤肥力，为作物生长发育创造良好的土壤环境。

二、整地方式

目前江苏省小麦大面积生产常用的整地方式大致可分为耕翻整地、旋耕整地、深松整地及免耕等多种方式。

1. 耕翻整地

耕翻整地是一种传统整地方式，其早期主要依靠役畜（牛、马、驴）为动力，现今更多的是依赖机械动力。

耕翻整地的目的是改善耕层土壤结构，翻埋和混拌肥料，促使土肥融合，加速土壤熟化，兼有保蓄水分、清除杂草、杀灭虫卵等作用。耕地方式有内翻与外翻之分，两种方式应交替进行，以保证田面平整；耕翻深度一般为15~20厘米，耕幅25~30厘米。播前耕翻后应耙细整实。耕翻整地主要应用于旱茬地区和大型农场。

牛拉犁耕地

铧式犁

机械牵引铧式犁

2. 旋耕整地

旋耕整地是一种被广泛应用的新型整地方式。在我国麦作生产中，旋耕整地已逐渐取代耕翻成为小麦生产的主要整地方式。西方发达国家和国内大型农场主要使用大、中型农业机械（机械动力 70 马力* 以上，旋耕耙宽度 2.0 米以上），广大农村地区则以中、小型农机（机械动力 12~50 马力，旋耕耙宽度1.2~1.8 米）为主。

---

* 1 马力≈735.4 瓦

旋耕机

旱茬旋耕整地

稻茬旋耕整地

旋耕整地的优点是作业效率高，土壤精细、粗垡块少，地面平整度好；缺点是旋耕深度不足（多为10～13厘米），旱茬地作业层土壤过于疏松，土壤易失墒，影响小麦田间出苗率，故旋耕整地后要配套进行播种前镇压或播后镇压作业。

3. 深松整地

深松整地是针对多年采用少（免）耕整地导致土壤耕层变浅、犁底层加厚、肥水下渗不畅、理化性状变差等一系列影响耕地生产能力提高因素而大力推广的新型整地技术。它的主要优点是：①有效打破犁底层，增加耕层土壤深度，确保肥水下渗通畅，提高土壤蓄水保肥能力；②保持土层不乱，结构稳定，改善土壤通透性和微生物生态环境；③减少水分蒸发和水土流失；④促进根系生长，提高作物抗倒伏能力。其缺点是：配套动力大（85~100 马力），土壤含水量过高或过低时作业效果差。

土壤深松机械作业

4. 耙地

耙地是用钉齿耙或圆盘耙进行的一种表土耕作方法。耙地有疏松土壤、保蓄水分、保持土温、消灭杂草等作用，为幼苗出土、生根创造良好的土壤环境条件。耙地方式有“直耙”（纵向前进作业）、“横耙”（横向往返作业）与“交叉耙”（“S”形前进作业）之分。

传统的耙地工具铁质耙齿以役畜或小四轮拖拉机为牵引动力，圆盘耙或缺口重耙以大、中型拖拉机配套为主。

5. 秸秆还田整地

出于保护生态环境的需要，我国不少地区已制定地方法规，禁止就地焚烧秸秆。通过多年系统研究与试验示范，秸秆还田的一系列技术问题已基本解决。

秸秆还田作业的先后顺序（以水稻秸秆还田为例）如下。

第一步，机械收割水稻，利用收割机配备的刀具同步把稻草切碎，碎草长度 5~8 厘米，均匀铺散地面。

水稻收割后碎草呈条带状分布

碎草扩散器匀铺效果

第二步，应用反转灭茬旋耕机，将切碎后的秸秆埋入土中，即可达到水稻秸秆全量还田条件下小麦机械播种的整地质量要求，亦有采用铧犁耕翻灭茬后，再旋耕播种。

亦可采用秸秆覆盖还田，方法是小麦播种后人工把稻草均匀地覆盖在地表上，每亩用草量 500 千克左右。主要作用是保墒增温，提高田间出苗率，同时有利于麦苗安全越冬。

第二节　播种

小麦播种质量的好坏，直接影响小麦一生的生长发育与产量形成。播种的关键技术主要包括以下几个方面。

一、选用良种

选用优质、高产、综合抗性好的良种是最经济有效的增产措施。江苏省地处南北气候过渡地带，淮河以北地区属黄淮平原冬麦区，淮河以南地区则属长江中下游冬麦区。过渡地区的气候特点，决定了黄淮流域和长江中下游地区的小麦品种在江苏不同地区具有不同的生态适应性。淮北以“徐麦”“淮麦”“烟农”“郑麦”系列品种种植面积较大；苏中、苏南地区以“扬麦”“宁麦”“镇麦”3个系列的红皮、春性品种为主。

由于江苏省小麦品种来源区域广阔，品种类型复杂，可选择的空间较大，因此，广大农民选用小麦品种时必须注意以下几方面。

1. 品种的生态适应性

淮北中、西部地区，早、中茬口小麦，适宜种植优质中、强筋半冬性品种，晚茬和淮北东部地区，适宜种植中、强筋半冬性偏春性品种；苏中、苏南地区，则以春性红皮优质中筋小麦品种为主；沿江高沙土、沿海沙土和丘陵地区，适宜发展优质弱筋春性小麦品种。

2. 综合抗性与产量

高产、优质和抗倒伏是各地对小麦品种的共同要求，对其他性状的要求则因区域不同而各有侧重。淮北地区要求抗寒、抗旱、抗（耐）白粉病和纹枯病；苏中、苏南地区则要求抗寒、耐渍、抗（耐）白粉病、纹枯病和赤霉病，高抗穗上发芽。

3. 保持品种布局的相对连续性

品种的生态适应性、综合抗性及产量和品质表现，要经过当地种子部门和农业技术推广部门生产试验确认后再推广。种子营销单位应供应符合国标要求的品种给农民。广大农民不要迷信新品种，不要盲目频繁换种。

二、种子处理

1. 精选

小麦种子要求纯度高、籽粒饱满、生活力强、发芽率高。播种前要进行精选，去除麦种内的虫蛀粒、瘪粒、病粒、杂草籽等。从种子公司购买的种子已经过精选，可以省略这道工序。

2. 晒种

播前选晴天晒种 2~3 天，可以提高种子发芽势和发芽率。

播前晒种

3. 药剂拌种

小麦的纹枯病、白粉病、腥黑穗病、散黑穗病、根腐病等可通过种子带菌传播。为切断种子传播途径，播种前要对种子进行消毒处理。三唑类农药包括三唑酮、三唑醇、烯效唑、烯唑醇、戊唑醇（立克秀）等，能够有效防止白粉病、锈病、纹枯病、全蚀病等多种病害，是常用的拌种用农药。采用立克秀拌种的具体做法是：每 10 千克麦种用 60% 戊唑醇悬浮种衣剂（立克秀）8 毫升，对水 150~200 毫升（3~4 两水），混合药液搅匀后喷到麦种上，充分拌匀后堆闷 2~3 小时，晾干后播种。

三、适期播种

适期播种是小麦形成适龄壮苗越冬的关键措施之一。科学确定小麦适宜播种期的方法是积温法，即按小麦播种至出苗需 0℃上积温 120℃左右，冬前每出生一张叶片需 0℃上积温 75℃左右，半冬性品种冬前壮苗标准为主茎叶龄六叶一心至七叶一心，春性品种冬前壮苗标准为主茎叶龄五叶一心，由此可以计算出达到适龄壮苗所需的积温，并从越冬始期向前推算出不同地区小麦的适宜播期范围。根据常年气象资料统计结果，考虑气候变暖等因素的影响，大致划定不同地区小麦适宜播期范围为：淮北地区 10 月 5 日至 15 日，沿淮地区 10 月 15 日至 25 日，苏中及沿江地区 10 月 25 日至 11 月 5 日，苏南地区 11 月 1 日至 10 日。在此范围内根据土质与茬口适当调节，基本原则是黏土稻茬宜早，壤土旱茬宜略迟。

四、播种量

每亩播种量的多少决定于基本苗数，而基本苗数是群体的起点，直接关系到最后的穗数。

播种量必须根据品种类型、播期早晚、茬口、土壤类型与土壤肥力、整地质量、播种方式以及目标产量等具体情况确定。精确定量栽培条件下，每亩播种量 3~4 千克，亩产可达 500 千克甚至更高；而在粗放种植时，即使播种量加大到 30~40 千克，产量也不高。

目前大面积生产推广应用的主体品种，目标产量 500 千克/亩左右，春性品种每亩成穗 30 万~35 万，半冬性品种每亩成穗 40 万~45 万。根据主茎叶龄和分蘖的同伸关系，综合考虑多种因素的影响，在适期播种条件下，淮北地区半冬性品种的适宜基本苗为每亩 8 万~12 万，淮南地区春性品种10 万~14 万，越冬期群体以最终成穗数的 1.3~1.5 倍为宜。超出当地适期播种范围，每迟播 1 天，基本苗应增加 3 000~5 000株/亩。

确定适宜基本苗以后，根据种子千粒重、发芽率和田间出苗率，即可求得播种量。

$$播种量（千克/亩）\approx\frac{基本苗（万/亩）\times千粒重（克）}{100\times种子发芽率\times田间出苗率}$$

测定千粒重：取 2 份样品，每份数出 1 000 粒称重，重量差值小于 5%即可。

测定发芽率和发芽势：随机取小麦种子样品 4 份，每份 100 粒，均匀摆放在培养皿或盘子里，种子吸足水分后保持湿润，3 天测定发芽势，7 天测定发芽率。

测定出苗率：为了更准确计算播种量，还要测定田间出苗率。最好是在要播种的田间，条件与播种时尽量一致。多数情况下采用旱茬 80%~85%，稻茬 70%~75%，秸秆还田条件下 60%~70%的经验数据。

五、播种机械

汉武帝时期赵过发明的“三脚耧”，是现代播种机的雏形。目前，发达国家的小麦播种机已步入智能化阶段，国内大型农场的小麦播种机处于以多功能集成为特色的自动化时期，广大农村的小麦播种机械尚处于初级水平。

六、播种方式

小麦播种按照种子在田间的分布方式，可分为条播和撒播 2 种。条播必须借助于机械，撒播可以使用机械也可以手工进行。套播是在前茬作物（主要是水稻）收获前就播下种子，即稻套麦，一般用人工撒播或弥雾机喷播。

目前，在大面积生产中应用的小麦播种方式主要有以下几种。

1. 机条播

机条播是江苏小麦生产的主要播种方式，20 世纪 80—90 年代曾经占小麦种植面积的 60%以上。目前大面积生产中广泛应用和示范推广机条播。

机条播可分为旋耕整地机条播和板茬机条播 2 种方式。旋耕整地机条播是在前茬作物收获后先旋耕，再用条播机播种的方式。优点是小麦成行成垄，整齐均匀，通风透光条件好，利于防治病虫害，田间作业方便，是高产田块的主要播种类型。缺点是对土壤质地、土壤墒情和整地质量要求较高；在土壤黏重、整地质量差，特别是秸秆还田条件下，缺苗断垄现象比较严重。板茬机条播可一次完成旋耕灭茬、开沟播种及盖籽等全套作业程序。存在的主要问题是无法解决前茬秸秆还田问题，需要人工进行铺撒均匀。

2. 机械匀播

针对传统条播机在黏土区稻茬作业时因开沟器、排种管易堵塞，造成缺苗断垄现象比较严重，特别是秸秆还田条件下因开沟器壅土而无法作业的问题，江苏省农业科学院通过多年探索，研制出小麦均匀摆播机，它沿用传统条播机的播量调节与控制系统及排种系统，拆除排种管与开沟器，在旋耕机罩壳上开一横向通槽，加装弹种板，种子排出后经弹种板滑落在旋切刀前端，后旋耕盖籽。前置式排种方式从根本上解决了因开沟器易堵塞而造成的缺苗断垄问题，也解决了秸秆还田条件下的稻茬麦机械匀播问题。

3. 机械宽幅精播

机械宽幅精播是山东农业大学研究提出的小麦超高产栽培技术体系中的核心技术之一。它采用蜂窝排种方式，2 个排种器供 1 个播种行，开沟器为三角翼式，不仅能确保播种均匀，几乎没有缺苗断垄现象，而且种子分布呈宽幅带状，有利于改善个体发育的营养状况。

这种机械适宜在旱茬地区应用，在秸秆还田稻茬麦地区的出苗均匀度明显降低。

4. 撒播

人工撒播、浅旋盖籽是目前江苏小麦的主要种植方式之一，可分为人工撒播和机械撒播。其优点是撒播作业不受地块大小和地形限制，作业灵活方便，对整地质量要求不高，播种进程快，可以赶季节。缺点是用种量往往控制不住，种子在田间的分布不规律，出苗率低，均匀度差，不利于通风透光，田间管理作业不方便。

今后随着机械播种作业水平的提升，人工撒播、浅旋盖籽方式将被机械匀播所代替。不仅能够节省人工，而且播量精准可控，用种量明显减少，田间出苗率和出苗均匀度大幅提高。

5. 稻田套播

水稻收获前将麦种撒入稻田，种子在湿润、遮阴的稻棵下萌发出苗，稻麦共生期5~15天。水稻收获后，在土壤墒情适宜时，及时开沟，将沟泥均匀抛撒，盖好露籽。这种种植小麦方式的优点是节能省工，操作方便，晚中求早，充分利用晚秋的

稻田套播小麦

水稻收割后的套播麦田

温光资源。缺点是种子在田间的分布不规律，种子裸露于地表，冬春冻害死苗比较严重；根系发育不良、分布浅、吸收能力差、后期易早衰而且抗倒能力差。同时这是一项在秋季阴雨连绵、机械无法作业的条件下采取的抗灾应变措施，正常年份不提倡应用。

七、播后镇压

镇压可以减少土壤孔隙，调节空气流通，减少水分蒸发，增加毛细管水上升到表层，为小麦发芽和生长创造条件。针对旋耕整地，特别是秸秆还田条件下耕层土壤过于疏松、透风失墒快的问题，江苏省农业科学院研制出麦田镇压器，解决了麦田镇压缺乏器械的问题。以手扶拖拉机为配套动力，镇压作业效率9.2亩/小时，在地块长130米、宽28.6米的试验条件下，油耗113.5克/亩，燃油、人工及机械成本合计不超过4.0元/亩。

测定结果表明，通过镇压作业，土壤容重、表层土壤含水率、小麦田间出苗率均明显提高，苗情素质相应改善，抗寒能力增强，冬春冻害死苗率大幅度降低，特别是在秸秆全量还田条件下，播后镇压的全苗、壮苗效果尤为突出。

八、开沟

开沟的目的是建立田间灌排通道，便于抗旱、排涝、降渍，提高抵御自然灾害的能力。

1. 开沟时间

“麦田一套沟，从种管到收”。无论是耕翻还是旋耕整地，播种后都要尽快开沟。特别是黏土稻茬地区，播种期间干旱年份需沟灌洇水齐苗，更要及时做到三沟配套。

2. 开沟密度与标准

开沟密度因区域和茬口类型而异。淮北旱茬地区间距可略大，苏中、苏南稻茬地区则应加密。一般标准为：正常播种方式条件下，间隔3~4米开一条竖沟，稻田套播条件下，可2~3米一条竖沟，竖沟深度15~20厘米，腰沟深20~25厘米，地头沟深25~30厘米，三沟连接畅通。

第三节 播种出苗阶段管理技术

播种出苗阶段的管理目标就是灭“三籽”（深籽、露籽、丛籽）、争“五苗”（早苗、齐苗、全苗、匀苗、壮苗）。其田间管理措施主要包括以下几点。

一、施足基（种）肥

小麦一生中在不同生育时期对氮、磷、钾的吸收量因品种专用类型和产量水平不同而存在差异，但其吸收特性基本一致，在分蘖至越冬始期和拔节至孕穗开花期，呈现2个吸收高峰，在越冬期间因温度低、麦苗生长缓慢，对土壤养分吸收呈现1个低峰。第一个吸肥高峰关系到冬前早发、壮苗形成，并为最终穗数奠定基础；第二个吸肥高峰关系到巩固分蘖成穗、提高分蘖成穗率和壮秆大穗的形成以及最终产量的高低。因此，小麦的肥料运筹要根据品种的专用类型、目标产量、小麦的吸肥特性、土壤供肥特点和墒情等因素综合确定。

扬州大学农学院研究认为，不同类型专用小麦施肥量亦不相同。在提倡施用有机肥的条件下，中筋和强筋小麦亩产500千克以上需施纯氮16~18千克，氮（纯氮）、磷（五氧化二磷）、钾（氧化钾）配比为1:（0.6~0.8）:（0.6~0.8），折合成具体肥料，小麦一生中需施三元复合肥（15-15-15）40~50千克，尿素20~25千克；弱筋小麦亩产400千克以上需施纯氮12~14千克，氮（纯氮）、磷（五氧化二磷）、钾（氧化钾）配比为1:（0.4~0.6）:（0.4~0.6），折合成具体肥料，小麦一生中需施三元复合肥（15-15-15）35~40千克，尿素14~16千克。

根据上述小麦的需肥特性，在小麦播种时，必须施好基（种）肥，按目标产量、小麦专用类型和施用比例施足肥料，确保壮苗早发，为穗数奠定基础）。通常情况下，中筋和强筋小麦亩施三元复合肥（15-15-15）25~30 千克，尿素 6~8 千克；弱筋小麦亩施三元复合肥（15-15-15）20~25 千克，尿素 8~10 千克。

二、查苗补缺

小麦出苗后，要检查出苗情况，看出苗是否均匀和达到预期基本苗数，对缺苗断垄麦田，要及时补苗。一般可通过移密补稀，也可通过催芽补种。

三、查肥补肥

小麦基肥施用不足时可用苗肥补，中筋和强筋小麦确保基肥和苗肥施用氮肥不少于一生总施氮量的 50%（折纯氮 8~9 千克/亩），弱筋小麦确保基肥和苗肥施用氮肥不少于一生总施氮量的 70%（折纯氮 9~10 千克/亩）。

四、查草除草

小麦播种后应根据上年麦田草相进行土壤封闭化学药剂除草（简称化除）。化除时间掌握在播后芽前，化除药剂根据田间可能发生的杂草种类合理选择。

越冬前对播种时未封闭化除或效果不理想、杂草达标田块，及时根据草相进行喷药化除。以单子叶杂草为主的田块，在杂草 2~4 叶期每亩选用 6.9%骠马 60~80 毫升对水 40~50 千克喷雾；以双子叶杂草为主的田块，在小麦 4~5 叶期、杂草基本出齐后，每亩选用 20%使它隆乳油 30~40 毫升对水 40~50 千克喷雾；单、双子叶杂草混生的麦田，可将相关药剂进行复配使用。化除应掌握冷尾暖头进行，以防发生药害。

田间化除

五、查沟补沟

“麦田一套沟，从种管到收”。麦田内外三沟不配套，要及早开挖、加深、清理、疏通，并结合清沟理墒培土壅根、增温防冻。特别是淮南地区要高标准配套内外三沟，确保内外三沟相通。秸秆还田地块需通过减少竖沟畦宽，提高内三沟开沟密度和深度，增加沟系取土量对畦面覆盖，防止露籽现象；同时提高灌排效果，减轻涝渍危害。

机开沟

外三沟

第四节　分蘖越冬期管理技术

分蘖越冬期的管理目标是培育壮苗、安全越冬。

一、适量施用壮蘖肥促平衡生长，控制冬季肥料（腊肥）施用

小麦3~5叶期时根据田间实际苗情每亩追施壮蘖肥或平衡肥5千克左右尿素，施肥时要求以“捉黄塘”、促平衡为主。

小麦越冬期由于气温下降，植株生长缓慢，此时小麦吸肥较少，土壤有足够的供肥能力，故不需要施肥。特别要注意尽量不施腊肥，因腊肥施用后会使植株含氮量过高，抗寒能力减弱，遇低温寒潮时易发生冻害；不施腊肥还利于减少无效分蘖和无效生长，控制高峰苗数，提高茎蘖成穗率和群体质量。

二、适度镇压控旺苗

适期早播麦田，暖冬年份冬前容易旺长，如果播量偏大，则会出现冬季提早拔节现象，导致麦苗抗寒能力下降。春季遇到倒春寒，会发生严重冻害。因此，越冬期要加强对旺长苗的控旺管理。对旺长麦田，可采取镇压措施抑制生长。镇压要掌

握在晴暖天气，使用直径≥30厘米的石磙或专用镇压机械镇压田面，镇压具有弥合土缝、保暖、防冻、控制麦苗纵向伸长生长、促进横向增粗生长的作用，达到控蘖促根、控旺促壮、减轻冻害的效果。

旺长苗冻害

三、预防冻害

预防冻害主要有以下3个措施：一是对板茬直播和稻田套播小麦，可通过增施土杂肥或采取沟泥覆盖的方式加强覆盖，达到护根保温防冻的目的。土杂肥一般每亩施用1 500～2 000千克；沟泥覆盖可利用机开沟或人工开挖田内沟，开沟深30厘米，宽15厘米，沟距2～3米，沟泥抛散覆土深3厘米。二是在搞好田间化除、沟系配套等田管措施后，利用秸秆覆盖，做到秸秆还田与麦田冬季覆盖相结合，一般可亩用稻草150～200千克均匀覆盖，防冻保苗，增强小麦抗旱耐寒能力。三是对于稻草还田量较大的小麦，表土较松、容易失墒，遇寒流天气特别容易造成小麦分蘖节裸露和吊根死苗，要采取机械或人工措施做好田间适度镇压，提高保墒防冻能力。

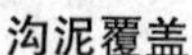

沟泥覆盖

稻草覆盖

第五节　返青拔节孕穗期管理技术

返青拔节孕穗期的管理目标是培育壮秆攻大穗。

一、拔节肥和孕穗肥的施用

拔节孕穗肥总的施用原则是：3 月下旬至 4 月上旬，在小麦基部第 1 节间接近定长、第 2 节间开始伸长、群体叶色褪淡、无效分蘖开始消亡、叶龄余数 2.5 左右时，施用拔节肥。高产田提倡拔节肥、孕穗肥分 2 次施用，拔节肥以复合肥为主，加部分尿素，孕穗肥施尿素。

弱筋小麦只施拔节肥，不施孕穗肥。拔节肥应在小麦第一节间定长前施用，亩施纯氮 3~4 千克，占一生总施氮量的 20%左右；五氧化二磷和氧化钾各施 3~4 千克，占总量的 50%左右。

中筋小麦在倒 3 叶时亩施纯氮 3~4 千克，占一生总施氮量的 20%~25%，倒 2 叶至孕穗期再施纯氮 2~3 千克，占总量的 10%~15%；5~7 叶期（春性品种）或 7~9 叶期（半冬性品种）亩施五氧化二磷和氧化钾各 4~6 千克，占总量的 50%左右。

强筋小麦拔节肥应在第一节间定长、叶色明显褪淡时追施，亩施纯氮 2~3 千克，占一生总施氮量的 10%~15%，孕穗肥（倒 1 叶施用）施纯氮 4~5 千克，占总量的 20%~25%；施五氧化二磷和氧化钾各 6～7 千克，占总量的 50%左右，9 叶期前后施用。

拔节期追肥提倡施用多元复合肥，以增加后期磷、钾养分的供应，防止早衰，提高粒重，增加产量。

二、春季化除

化除（化学药剂除草，简称化除）要根据麦田杂草发生特点，选准除草剂配方和用量，在小麦拔节前，日平均气温稳定在 8℃以上的晴暖天气进行，注意掌握冷尾暖头天气，避开寒潮来临前用药产生药害。

以看麦娘、硬草、早熟禾、野燕麦等禾本科杂草为主的小麦田，每亩用 6.9%骠马 80 毫升或 10%精骠乳油 70～80 毫升，对水 50 千克喷雾。

以猪殃殃、婆婆纳、牛繁缕等阔叶类杂草为主的麦田，每亩用 20%使它隆 50 毫升或 20%使它隆 30 毫升+13%二甲四氯 150 毫升，对水 50 千克喷雾。

以荠菜、大巢菜等阔叶类杂草为主的麦田，每亩用 10%苯磺隆 10～15 克或 75%巨星 1.5 克，对水 50 千克喷雾。

三、春季灌排

淮北麦区冬春干旱受冻麦田，返青期应锄划保墒，提高地温，一般不宜浇返青水，但遇持续长时间干旱，应在气温 3℃以上时及时浇水，减轻倒春寒危害。拔节、孕穗期是需水的关键时期，有灌溉条件的麦田，遇旱应立即浇水；没有灌溉条件的麦田，需组织叶面喷水，以缓解旱情。群体适宜的麦田，拔节、孕穗水应结合追施拔节、孕穗肥进行，先追肥后浇水，以提高肥效。

淮南麦区春季遇雨要及时清沟理墒，保持沟系畅通，达到雨止田干、排水降渍的目的。出苗至返青期地下水位控制在 0.8 米以下，返青后地下水位控制在 1 米以下。

四、倒春寒冻害后的恢复补救

小麦的分蘖力能强，自我调节余地很大，倒春寒冻害发生后即使主茎和大分蘖幼穗冻死，只要分蘖节未冻死，就可以通过迅速肥水猛攻，促进动摇分蘖和后发生高节位分蘖成穗，挽回产量损失。

小麦拔节前耐寒力较强，主茎和大分蘖幼穗不易冻死，仅叶片冻害或主茎幼穗冻死率10%左右一般不必增施恢复肥。但拔节后遇-2℃以下的低温时，主茎和大分蘖会逐级受冻而亡。所以发生倒春寒冻害应及时剥查主茎和大分蘖幼穗冻死情况，视冻害情况追施恢复肥。

五、化控防倒伏技术

小麦返青后拔节前，如麦苗长势过旺、群体过大，则可通过喷施生化制剂控制麦苗旺长（简称化控），防止后期倒伏，同时可以增强小麦抗逆性。一般在2月底或3月初拔节初期群体偏旺麦田，每亩用矮壮丰或矮苗壮60克或15%多效唑可湿性粉剂50~70克，对水30~40千克粗喷雾进行化控，以矮化植株，提高抗倒伏能力。

第六节　小麦生育期管理要点

一、小麦冬前及越冬期管理

冬小麦从出苗到越冬具有“三长一完成”的生育特点，即长叶、长根、长分蘖和完成春化阶段。其田间管理的调控目标：在适播期高质量播种，争取麦苗达到齐、匀、全，促弱控旺，促根增蘖，力促年前成大蘖和壮蘖，培育壮苗，为翌年多成穗、成大穗奠定良好基础，并协调好幼苗生长与养分贮存的关系，确保麦苗安全越冬。

（一）查苗补种，疏密补缺，实现苗全苗匀

生产上由于漏种、播种操作不当、地下害虫危害等原因，时常造成缺苗断垄现象发生。小麦出苗后，要及时进行田间查苗补种。对于间距在10厘米以上严重缺苗断垄地块，要及时用同一品种的种子进行浸种催芽开沟补种，墒情差时要顺沟少量浇水再补种，种后盖土踏实。还可以在小麦分蘖后就地进行疏密补稀带蘖移栽，移栽时覆土深度以“上不压心，下不露白”为原则，并及时适量浇水，保证成活。对播量大而苗多者或田间疙瘩苗，要采取疏苗措施，保证麦苗密度适宜，分布均匀。

（二）浇水与划锄

对于墒情较差、出苗不好的麦田应及早浇水；对整地质量差、土壤暄松的麦田先镇压后浇水。对晚播且墒情差的麦田及时浇蒙头水。浇水后适时划锄，破除板结，松土保墒，促进根系生长，为保证苗全、苗壮打下良好基础。

对于播种时墒情充足，播后有降雨，墒情适宜，且地力较高，群体适宜或略偏大的麦田，冬前可不浇水；对于没有浇水条件的麦田，在每次降雨后要及时中耕保墒。

（三）适时中耕镇压

每次降雨或浇水后要适时中耕保墒，破除板结，促根蘖健壮发育。对群体过大过旺麦田，可采取深中耕断根或镇压措施，控旺转壮，保苗安全越冬。对秸秆还田没有造墒的麦田，播后必须进行镇压，使种子与土壤接触紧密。对秋冬雨雪偏少，口墒较差，且坷垃较多的麦田应在冬前适时镇压，保苗安全越冬。

（四）看苗分类管理

对因误期晚播，积温不足，苗小、根少、根短的弱苗，冬前只宜浅中耕，以松土、增温、保墒，促苗早发快长。冬前一般不宜追肥浇水，以免降低地温，影响幼苗生长。对整地粗放，地面高低不平，明、暗坷垃较多，土壤悬松，麦苗根系发育不

良，生长缓慢或停止的麦田，应采取镇压、浇水、浇后浅中耕等措施来补救。对播种过深，麦苗瘦弱，叶片细长或迟迟不出的麦田，应采取镇压和浅中耕等措施以提墒保墒。对于因地力、墒情不足等造成的弱苗，要抓住冬前有利时机追肥浇水，一般每亩追施尿素 10 千克左右，并及时中耕松土，促根增蘖、促弱转壮。

1. 壮苗管理

对壮苗应以保为主，要合理运筹肥水及中耕等措施，以防止其转弱或转旺。对肥力基础较差，但底墒充足的麦田，可趁墒适量追施尿素等速效肥料，以防脱肥变黄，促苗一壮到底。对肥力、墒情均不足，只是由于适时早播，生长尚属正常的麦田，应及早施肥浇水，防止由壮变弱。对底肥足、墒情好，适时播种，生长正常的麦田，可采用划锄保墒的办法，促根壮蘖，灭除杂草，一般不宜追肥浇水。若出苗后长期干旱，可普浇一次分蘖盘根水；若麦苗长势不匀，可结合浇分蘖水点片追施尿素等速效肥料；若土壤不实，可浇水以踏实土壤，或进行碾压，以防止土壤空虚透风。

2. 旺苗管理

对于因土壤肥力基础较高、底肥用量大、墒情适宜、播期偏早而生长过旺，冬前群体有可能超过 100 万株的麦田，应采取深中耕或镇压等措施，以控大蘖促小蘖，争取麦苗由旺转壮。对于地力并不肥，只是因播种量大，基本苗过多而造成的群体大，麦苗徒长，根系发育不良，且有旺长现象的麦田，可采取镇压并结合深中耕措施，以控制主茎和大蘖生长，控旺转壮。

（五）适时冬灌，保苗安全越冬

小麦越冬前适时冬灌是保苗安全越冬、早春防旱、防倒春寒的重要措施。对秸秆还田、旋耕播种、土壤悬空不实或缺墒的麦田必须进行冬灌。冬灌应注意掌握以下技术要点。

（1）适时冬灌。冬灌过早，气温过高，易导致麦苗过旺生长，且蒸发量大，入冬时失墒过多，起不到冬灌应有的作用。灌水过晚，温度太低，土壤冻结，水不易下渗，很可能造成积水结冰而死苗，对小麦根系发育及安全越冬不利。适时冬灌的时间一般在日平均气温7~8℃时开始，到0℃左右夜冻昼消时完成，即在“立冬”至“小雪”期间进行。

（2）看墒看苗冬灌。小麦是否需要冬灌，一要看墒情，凡冬前土壤含水量沙土地在15%左右，两合土在20%左右，黏土地在22%左右，地下水位高的麦田可以不冬灌；凡冬前土壤湿度低于田间持水量80%且有水浇条件的麦田，都应进行冬灌。二要看苗情，单株分蘖在1.5个以上的麦田，冬灌比较适宜，一般弱苗特别是晚播的单根独苗，最好不要冬灌，否则容易发生冻害。

（3）按顺序冬灌。一般是先灌渗水性差的黏土地、低洼地，后灌渗水性强、失墒快的沙土地；先灌底墒不足或表墒较差的二、三类麦田，后灌墒情较好、播种较早，并有旺长趋势的麦田。

（4）适量冬灌。冬灌水量不可过大，以能浇透当天渗完为宜，小水慢浇，切忌大水漫灌，以免造成地面积水，形成冰层使麦苗窒息而死苗。

（5）灌后划锄。浇过冬水后的麦田，在墒情适宜时要及时划锄松土，以免地表板结龟裂、透风伤根而造成黄苗死苗。

（6）追肥与冬灌。对于基肥较足、地力较好的麦田，浇冬水时一般不必追肥。但对于没施基肥或基肥用量不足、地力较差的麦田，或群、个体达不到壮苗标准（每亩群体在50万株以下），可结合浇越冬水追氮素肥料，一般每亩追施尿素5~7.5千克，以促苗升级转化。除氮肥外，基肥中没施磷钾肥的麦田，还应在冬前追施磷钾肥。

特别提示：对于墒情较好的旺长麦田，可不浇越冬水，采取冬前镇压技术以控制地上部旺长，培育冬前壮苗，防止越冬期低温冻害。

（六）积极推广“杂草冬治”

积极推广杂草于冬前11月中下旬至12月上旬进行防除，因此时田间杂草基本出齐（出土80%~90%），且草小（2~4叶），抗药性差，小麦苗小（3~5叶），遮蔽物少，暴露面积大，着药效果好，一次施药，基本全控，而且施药早间隔时间长，除草剂残留少，对后茬作物影响小，是化学除草最佳时期。农民习惯春季除草，用药量大，防治成本高，易产生药害和影响下茬作物生长。因此，于11月上中旬至12月上旬，日平均气温10℃以上时及时防除麦田杂草。对野燕麦、看麦娘、黑麦草等禾本科杂草，每亩用6.9%精噁唑禾草灵水乳剂60~70毫升或10%精噁唑禾草灵乳油30~40毫升，对水30千克喷雾防治；对播娘蒿、荠菜、猪殃殃等阔叶类杂草，每亩可用75%苯磺隆干悬浮剂1.0~1.8克，或用10%苯磺隆可湿性粉剂10克，或用20%使它隆乳油50~60毫升加水30~40千克喷雾防治。

（七）严禁畜禽啃青

“牛羊吃叶猪拱根，小鸡专叨麦叶心。”畜禽啃青，直接减少光合面积，严重影响干物质的生产与积累；啃青损伤植株，使其抗冻耐寒能力大大降低；啃去主茎或大蘖后，来春虽可再发小蘖并成穗，但分蘖成穗率明显下降，且啃青后的小蘖幼穗分化开始时间晚，历期短，最终导致穗小粒少，茎秆纤弱，易倒伏，且成熟期推迟，粒重大幅度下降。一般啃青次数越多，减产越严重。因此，各级各类麦田均要加强冬前麦田管护，管好畜禽，杜绝畜禽啃青，以免影响小麦产量。

二、春季麦田管理

春季小麦的根、茎、叶、蘖、穗等器官进入旺盛生长阶段。管理措施“过时不候”，即错过了关键管理时期，缺失难以弥补。因此，春季是小麦一生中管理的关键时期，也是培育壮秆、多成穗、成大穗的关键时期。小麦生育后期出现的倒伏、穗小、粒少等许多问题往往是在此期间形成的。因此，此期应根据小麦生育特点及苗情类型，通过合理水肥管理，处理好春发与稳长、群体与个体、营养与生殖生长和水肥需求临界期与供应矛盾，促进分蘖两极分化集中明显，促穗花平衡发育，创造合理群体结构，实现秆壮、穗多、穗齐、穗大、粒多，保证茎叶稳健生长，并防止倒伏及病虫害，为后期生长奠定良好基础。主要管理措施有：

（一）早春镇压

镇压次数和强度应视苗情而定。一般旺苗要重压，且连续压 2~3 次。弱苗要轻压，以免损伤叶片，影响分蘖。镇压时还要注意土壤条件，土壤过湿不压，有露水、冰冻时不压，盐碱土不宜镇压，以免引起返盐。在低洼地区冬季有“凌抬”“根拔”冻害的，及时进行镇压，使根系与土壤密接，可以减轻冻害死苗。

（二）因苗制宜，分类管理

看苗管理是小麦农场化生产的必要环节。

苗情标准是衡量麦苗好坏的指标，也是看苗管理的依据。

1. 一类苗麦田

应积极推广氮肥后移技术，推迟肥水至拔节中后期，即在基部第一节间固定，第二节间伸长 1 厘米以上时结合浇水每亩追施尿素 10 千克左右，并配施适量磷酸二铵，控制无效分蘖滋生，加速两极分化，促穗花平衡发育，培育壮秆大穗。

2. 二类苗麦田

应在起身初期进行追肥浇水，一般每亩追施尿素 10~15 千克并配施适量磷酸二铵，以满足小麦生长发育和产量提高对养分的需求，有利于巩固冬前分蘖，提高分蘖成穗率，促穗大粒多。

3. 三类苗麦田

春季管理以促为主，早春及时中耕划锄，提高地温，促苗早发快长；追肥分两次进行，第一次在返青期结合浇水每亩追施尿素 10 千克左右，第二次在拔节后期结合浇水每亩追施尿素 5~7 千克。

4. 播期早、播量大，有旺长趋势的麦田

可在起身期每亩用 15%多效唑可湿性粉剂 30~50 克或壮丰胺 30~40 毫升，加水 25~30 千克均匀喷洒，或进行隔行深中耕断根，控旺转壮，蹲苗壮秆，预防倒伏。对于播量大、个体弱、有脱肥症状的假旺苗，应在起身初期追肥浇水。

5. 没有水浇条件的麦田

春季要趁降雨每亩追施尿素 8~10 千克。

（三）预防“倒春寒”和晚霜冻害

倒春寒是指春季天气变暖后又突然变冷，地表温度降到 0℃以下致使小麦出现霜冻危害的天气现象。小麦进入起身、拔节时期，抗寒性降低，一旦气温突然大幅度下降，极易发生冻害。近年来，春季冻害成为限制小麦产量的重要因素，有时比冬季冻害还严重。因此，在晚霜冻害频发、重发区，小麦拔节期前后一定要密切关注天气变化，及早制定防范预案，在寒流来临前，组织农民及时灌水，以改善土壤墒情，提高地温，预防冻害发生。一旦发生冻害，要及时采取浇水追施速效化肥等补救措施，一般每亩追施尿素 10 千克，促小蘖赶大蘖，尽快恢复受冻麦苗生长，减轻冻害损失。

三、小麦后期管理

（一）适时浇好灌浆水

小麦生育后期如遇干旱，应在小麦孕穗期或籽粒灌浆初期选择无风天气进行小水浇灌，此后一般不再灌水，尤其是种植强筋小麦的麦田要严禁浇麦黄水，以免发生倒伏，降低品质。

（二）叶面喷肥

在小麦抽穗至灌浆前中期，每亩用尿素1千克，磷酸二氢钾0.2千克加水50千克进行叶面喷洒，以预防干热风和延缓衰老，增加粒重，提高品质。

（三）适时收获

人工收割的适宜收获期为蜡熟末期；采用联合收割机收割的适宜收获期为完熟初期，此时茎叶全部变黄、茎秆还有一定弹性，籽粒呈现品种固有色泽，含水量降至18%以下。

第三章　小麦主要栽培模式

第一节　水浇地小麦深松深耕机条播技术

该技术模式主要包括播前准备、精细播种、冬前管理、春季管理、后期管理5个生产环节，重点做好选用适宜品种、高质量整地播种、科学肥水运筹、防治病虫草害与适期机械收获等主要关键技术。

一、播前准备

（一）选用良种

常言道："种子不好，丰收难保，种子不纯，坑死活人。"种子是一年丰收的保证。在生产实际中，应根据各地气候、土壤、地力、种植制度、产量水平和病虫害情况等自然和生态条件，因地制宜、因种制宜、因时制宜选择品种，做到主导品种突出、搭配品种合理、良种良法配套，最大限度地发挥品种的增产潜力。科学研究和生产实践表明，一般应选用分蘖力强、分蘖成穗率高，株型紧凑、抗倒伏能力强，后期光合能力强、单株生产力高、落黄好，丰产潜力大、综合抗病抗逆性好的小麦品种。

（二）种子与土壤处理

由于受耕作、气候条件变化、机收跨区作业和跨区调种等因素影响，易引发小麦纹枯病、全蚀病、根腐病、胞囊线虫病等根部和茎基部病害，还会导致条锈病、赤霉病、吸浆虫和地下害虫等危害加重。因此，各地在小麦播前应做好种子与土壤处理工作。

一是精选种子与晒种。选用发芽率高、发芽势强、无病虫、无杂质并且大而饱满、整齐一致的籽粒做种。播前晒种2~3天，可以促进种子后熟，出苗快而齐。

二是提倡用种衣剂进行种子包衣，预防苗期病虫害。没有用种衣剂包衣的种子要用药剂拌种。根病发生较重的地块，选用2%戊唑醇（立克莠）、2.5%（氟咯菌腈）适乐时、12.5%硅噻菌胺（全蚀净）、3%（苯醚甲环唑）敌委丹，以上种衣剂按种子量的0.1%~0.15%取原药稀释后拌种；地下害虫发生较重的地块，选用40%甲基异柳磷乳油或35%甲基硫环磷乳油，按种子量的0.2%取原药稀释后拌种；病、虫混发地块用以上杀菌剂与杀虫剂混合拌种。

三是整地时要进行土壤处理。一般每亩用40%辛硫磷乳油0.3千克，对水1~2千克，拌细土25千克制成毒土，耕地前均匀撒施地面，随耕地翻入土中，可有效防治或减轻地下害虫的危害。

种子包衣处理的好处：①防病虫。②提高种子活力。③提高播种质量。④促麦苗早长快发。⑤促根增蘖。⑥提高粒重。

（三）秸秆还田

秸秆还田，是补充和平衡土壤养分、改善土壤结构的有效方法。目前，我国小麦主产区，耕作层土壤的有机质含量普遍不高，培肥土壤除增施有机肥外，提高土壤有机质含量的另一个主要途径就是作物秸秆还田，而影响秸秆还田推广进程的主要因素是还田质量太差，直接影响播种质量和农民秸秆还田积极性。上茬玉米秸秆还田时要确保作业质量，尽量将玉米秸秆粉碎细小一些，一般要用玉米秸秆还田机打两遍，秸秆长度低于10厘米，最好在5厘米左右。同时，各地要大力推行玉米收获和秸秆还田联合收割机。

据测定，每亩还田玉米秸秆500~700千克，一年之后，土壤中的有机质含量能相对提高0.05%~0.15%，土壤孔隙度能提高1.5%~3%。

(四) 耕作整地

耕作整地是小麦播前准备的主要技术环节，整地质量与小麦播种质量有着密切关系。因此，麦播前应突出抓好以深耕(松)、镇压高质量整地技术，应做到“三个必须”：

一是凡旋耕播种的地块必须镇压耙实，且应保证旋耕深度达到15厘米以上。

二是凡连年旋耕麦田必须隔年深耕或深松一次，且深松必须旋耕（深度15厘米），实行“两（年）旋（耕）一（年）深(耕或松)”的轮耕制度，以打破犁底层，并做到机耕机耙相结合，切忌深耕浅耙。

三是秸秆还田地块必须深耕，将秸秆切入土层，耙压踏实，以夯实麦播基础，增强抗灾能力，力争全生育期管理主动。

深耕选用翻转犁，深度15厘米为宜。

(1) 整地标准。“耕层深厚、土碎地平、松紧适度、上虚下实”十六字标准。

(2) 具体要求。“早、深、净、细、实、平、透”。

早：早腾茬。

深：耕深20~30厘米，可使小麦增产15%~25%。

净：田间无杂草或秸秆等杂物。

细：无坷垃，“小麦不怕草，就怕坷垃咬”。

实：表土细碎，下无架空暗垡，达到上虚下实。

平：耕前粗平，耕后复平，作畦后细平，使耕层深浅一致。

透：耕深一致，不漏耕。

(五) 耙耢镇压

耕翻后土壤耙耢、镇压是高质量整地的一项重要技术。耕翻后耙耢、镇压可使土壤细碎，消灭坷垃，上松下实，底墒充足。因此，各类耕翻地块都要及时耙耢。尤其是采用秸秆还田和旋耕机旋耕地块，由于耕层土壤悬松，容易造成小麦播种过深，形成深播弱苗，影响小麦分蘖的发生，造成穗数不足，降低产量；此外，该类地块由于土壤松散，失墒较快。所以必须耕翻后尽快耙耢、镇压2~3遍，以破碎土垡，耙碎土块，疏松表土，平整地面，上松下实，减少蒸发，抗旱保墒；使耕层紧密，种子与土壤紧密接触，保证播种深度一致，出苗整齐健壮。

(六) 备足肥料，科学施肥

要在秸秆还田的基础上，广辟肥源，为麦田备足肥料，且做到合理科学施用。具体措施如下：

一是增施农家肥，努力改善土壤结构，提高土壤耕层的有机质含量。一般高产田亩施有机肥3 000~4 000千克，中低产田每亩施有机肥2 500~3 000千克。

二是要科学配方，优化施肥比例，因地制宜合理确定化肥基施比例，优化氮磷钾配比。高产田一般全生育期每亩施纯氮(N) 16~18千克，五氧化二磷（P_2O_5）7.5~9千克，氧化钾(K_2O) 10~12千克，硫酸锌1千克；中产田一般每亩施纯氮(N) 14~16千克，五氧化二磷（P_2O_5）6~7.5千克，氧化钾(K_2O) 7.5~10千克；低产田一般亩施纯氮10~14千克，五氧化二磷（P_2O_5）8~10千克。高产田要将全部有机肥、磷肥，氮肥、钾肥的50%作底肥，第二年春季小麦拔节期追施50%的氮肥、钾肥。中、低产田应将全部有机肥、磷肥、钾肥，氮肥的50%~60%作底肥，第二年春季小麦起身拔节期追施40%~50%的氮肥。

三是要大力推广化肥深施技术，坚决杜绝地表撒施。基肥要结合深耕整地，均匀撒施翻埋在土里，切忌暴露在地面上。化肥提倡深施。若施肥量较少，应采取集中施肥法；较多的还是以普施为好，然后翻耕。施肥量多时，可以分层施用，用3/5的粗肥，在耕地前撒施深翻，然后用2/5优质粗肥连同要施的磷肥、氮肥混后耙地前撒施浅埋入土中。

四是秸秆还田的地块为了防止碳氮比失调，造成土壤中氮素不足，微生物与作物争夺氮素，导致麦苗会因缺氮而黄化、瘦弱，生长不良，需另外增施10~15千克尿素，以加快秸秆腐烂，使其尽快转化为有效养分，以防止发生与小麦争氮肥的现象。

（七）规范作畦

小麦畦田化栽培有利于精细整地，保证播种深浅一致，浇水均匀，节省用水。因此，秋种时，各类麦田，尤其是有水浇条件的麦田，一定要在整地时打埂筑畦。畦的大小应因地制宜，水浇条件好的要尽量采用大畦，水浇条件差的可采用小畦。畦宽1.65~3米，畦埂40厘米左右。在确定小麦播种行距和畦宽时，要充分考虑农业机械的作业规格要求和下茬作物直播或套种的需求。

二、高质量播种

高质量播种是保证小麦苗全、苗匀、苗壮及促使群体合理发展和实现小麦丰产的基础。播种时应重点抓好以下几个环节。

（一）足墒播种

小麦出苗的适宜土壤湿度为田间持水量的70%~80%。秋种时若墒情适宜，要在秋作物收获后及时耕翻，并整地播种；墒情不足的地块，要注意造墒播种。田间有积水的地块，要及时排水晾墒。在适播期内，应掌握“宁可适当晚播，也要造足底墒”的原则，做到足墒下种，确保一播全苗。尤其玉米秸秆还田地块，一般墒情条件下，均应造墒播种。造墒时，每亩灌水40~50米^3。

（二）适期播种

“迟播弱，早播旺，适时播种麦苗壮。”温度是决定小麦播种期的主要因素。冬小麦冬前苗情的好坏，除水肥条件外，和冬前积温多少有密切关系。能否充分利用冬前的积温条件，取决于适宜播期的确定。在生产上应根据品种特性和当年气象预报加以适当调整。一般情况下，小麦冬前形成壮苗，从播种至越冬开始须满足0℃以上积温570~650℃为宜。各地要因地制宜地确定适宜播期。

小麦叶蘖遭受冬季冻害死亡顺序为：先小蘖后大蘖再主茎，最后冻死分蘖节。

10月1日播种：主茎、所有分蘖及分蘖节全部冻死。

10月10日播种：中小分蘖和部分大分蘖冻死，主茎和分蘖节未遭受冻害。

10月20日播种：只是叶片受冻，主茎和所有分蘖均未遭受冻害。

（三）适量播种

小麦的适宜播量因品种、播期、地力水平等条件而异，“以地定产，以产定穗，以穗定苗，以苗定种”是确定小麦播种量的原则。具体要根据每个地块近几年的水肥条件和管理水平，定出该地块的产量指标，再根据预定的亩产量算出所需要的亩穗数，有了亩穗数再根据品种和播期算出所需要的基本苗数，根据需要的基本苗数和种子的发芽率及田间出苗率，算出播种量，其计算公式为：每亩播种量（千克）= 每亩基本苗数（万株）×千粒重（克）×0.01/［发芽率（%）×80%（田间出苗率）］。

因不同品种的分蘖成穗数和适宜亩穗数差别较大，播种量应有不同。一般播期早、冬前积温较多、分蘖力强、成穗率高的品种，基本苗宜稀，播量应适当减少，播期晚的相反；土壤肥力基础较高、水充足的麦田，小麦分蘖多、成穗多、基本苗亦宜稀，播量宜少；地力瘠薄、水肥条件差的麦田，分蘖少，成穗率低，播量宜适当增加。特别是近几年，由于持续干旱、低温冻害等不利天气因素的影响，不少地区农民播种量大幅增加，致使小麦生产存在着旺长和倒伏的巨大隐患，非常不利于小麦的高产稳产。因此，各地一定要加大精播半精播的宣传和推广力度，坚决制止大播量现象。在适期播种情况下，分蘖成穗率低的大穗型品种，每亩适宜基本苗18万~24万株；分蘖成穗率高的中穗型品种，每亩适宜基本苗12万~18万株。在此范围内，高产田宜少，中产田宜多。晚于适宜播种期播种，每晚播2天，每亩增加基本苗1万~2万株。旱作麦田每亩基本苗16万~20万株，晚茬麦田每亩基本苗25万~30万株。

（四）适深播种

"一寸浅、二寸深、不深不浅寸半深。"小麦的播种深度对种子出苗及出苗后的生长均有很大影响。根据科学研究和生产实践证明，在土壤墒情适宜的条件下适期播种，播种深度一般以3~5厘米为宜。底墒充足、地力较差和播种偏晚的地块，播种深度以3厘米左右为宜；墒情较差、地力较肥的地块以4~5厘米为宜。大粒种子可稍深，小粒种子可稍浅。

（五）革新播种方式，实现机械精匀播种

一是改传统宽行距（22~26厘米）密集条播为缩行（距）扩株（距），窄行（距）（15~20厘米）等行距，或11厘米×19厘米（株型紧凑型品种）和13厘米×20厘米（株型半紧凑型品种）宽窄行均匀播种。

二是改常规线式条播为宽幅带播，以增大单株营养面积，减少个体竞争，培育壮苗。积极推广宽幅精量播种，改常规密集线式条播为宽播幅（8厘米）种子分散式粒播，有利于种子分布均匀，减少缺苗断垄、疙瘩苗现象，克服了传统播种机密集条播，籽粒拥挤，争肥，争水，争营养，根少、苗弱的生长状况，以奠定高质量群体起点，改善植株田间分布均匀度，优化群体质量。此外，还应注意播种机不能行走太快，以每小时5千米为宜，以保证下种均匀、深浅一致、行距一致、不漏播、不重播。

（六）播后镇压

多年生产调查发现，小麦种植户常忽视播后镇压工序，且

有些播种机根本没有配备镇压装置，致使小麦播种后常因未进行有效镇压，在遇到干旱、低温等严重自然灾害时易导致大量黄苗、死苗，造成减产。因此，小麦播后镇压是抗旱、防冻和提高出苗质量的重要措施，可为小麦安全越冬、来年生长和增产提供有力保障。尤其是对于秸秆还田和旋耕未耙实的麦田，一定要在小麦播种后用镇压器多遍镇压，保证小麦出苗后根系正常生长，提高抗旱能力。

第二节 麦田套（复）种短期绿肥种植技术

麦类作物收获到入冬前有2~3个月的空闲期，利用这个空闲期可以发展一季短期豆科绿肥作物。既能很好地利用光热水资源，也可以达到养地、美化环境的目的，还能起到轮作倒茬、培育耕地等作用。主要技术关键如下：

一、种植方式及范围

主要采用麦田套种和麦后复种短期绿肥两种方式。适用于海拔1 700米以下的灌溉农业区。也可以作为其他相似区域参考。

二、品种选择

毛叶苕子宜选用速生早发的土库曼、郑州7406苕子、徐苕1号等品种；箭筈豌豆宜选用速生早发的苏箭3号、陇箭1号、春箭碗等品种；草木樨宜选用中早熟的两年生黄花草木樨、白花草木樨等品种。

三、麦田套种前茬小麦要求

小麦应选中矮秆、中早热、抗倒伏和丰产性好的品种。

四、种子处理

毛叶苕子和箭筈豌豆一般不需要特殊处理。草木樨种子被一层稍硬的外壳包围，不易透水吸湿，需要处理破开种皮，利于种子出苗。

五、种子用量

麦田套种绿肥种子用量为毛叶苕子单播播种量 4 千克/亩，箭筈豌豆单播播种量 10~13 千克/亩，草木樨单播播种量1.5~2 千克/亩。毛叶苕子与箭筈豌豆混播，毛叶苕子约 1.5 千克/亩，箭筈豌豆约 6 千克/亩。

麦田复种绿肥可分为灭茬和硬茬地两种。其中灭茬复种单种毛叶苕子每亩播量分别为 4.0 千克，单种箭筈豌豆每亩播量 12.5 千克，混播毛叶苕子和箭筈豌豆时，每亩播量分别为 1.5 千克、8 千克。硬茬地复种单种毛苕子亩播种量 4.0 千克，单种箭筈豌豆亩播种量 15 千克，混播毛叶苕子和箭筈豌豆时亩播量分别为 1.5 千克、10 千克。

六、播种时期

复种可在麦类作物收获后抢时播种箭筈豌豆、毛叶苕子。可采用灭茬播种，也可采用硬茬播种。毛叶苕子和箭筈豌豆套种在冬（春）小麦、啤酒大麦抽穗至腊熟期，最适套播期为冬（春）小麦、啤酒大麦扬花至灌浆阶段（即 6 月 20 至 7 月 5 日）；草木樨在春小麦、啤酒大麦灌第一次（4 月 25）、第二次苗水（5 月 20 日）及冬小麦灌返青水（4 月 15 日）或灌二水（5 月 15 日）时套种。

七、播种方法

以撒播为主，将绿肥种子均匀撒入小麦田间，立即灌水。

八、管理技术

麦田套种绿肥与小麦共生期间，田间管理以小麦为主。小麦高茬收割，留茬高度20厘米。小麦收后及时拉运，随即灌水。小麦收后至绿肥收割，灌水2~3次。土壤肥力高的地块可不追肥，否则，在灌第二水时每亩追施硝酸铵3~6千克，以促进生长，达到小肥换大肥。

九、绿肥利用技术

（一）刈青收获

刈青喂畜、根茬还田是目前最常用的利用方式。毛叶苕子和箭筈豌豆在10月中下旬为适宜收割期，收后备作饲草。草木樨用作饲草，9月下旬将地上部分刈青利用，收获时最好留茬15~20厘米，有利于防止风沙、保护耕地。

（二）还田

麦田套种和麦后复种绿肥，还田方式有根茬还田和翻压还田两种。翻压还田时，草木樨、毛叶苕子和箭筈豌豆在9月中下旬，用机引圆盘耙纵横切割一次，然后翻压，平整田面，灌好冬水，促进腐解。草木樨翻压时，在翻压前5~7天喷洒2，4滴丁酯除草剂，以防下年再生，造成草害。并尽量做到草木樨根系全部倒栽于土中。第二年春季残留的少量草木樨，可用人工拔除。

第三节　灌溉地春小麦全膜覆土穴播技术

该技术集成覆盖抑蒸、膜面播种穴集雨、留膜免耕多茬种植、精量播种等技术于一体，节水、增温和增产效果极其显著。同时，膜上覆土能延长地膜使用寿命，一次覆膜可以留膜免耕多茬种植，节本增效。主要栽培技术如下。

一、整地、灌水、施肥、选种

整地做到深耕灭茬、立土晒垡、旋耕碎土、耙耱收墒。底墒水要求11月中旬亩灌溉量70~100立方米。施基肥每亩施优质腐熟农家肥3 000~5 000千克，亩施尿素15~20千克、过磷酸钙80~100千克、硫酸钾或氯化钾12~15千克。选抗倒伏、抗条锈病等抗逆性强的高产、优质中矮秆春小麦品种，主要有：陇春26号、陇辐2号、宁春4号、宁春15号、武春5号、甘春24号等品种。

二、覆膜覆土

覆膜与膜上覆土一次完成，灌溉地春小麦一般采用机械覆膜覆土，机引覆膜覆土一体机以小四轮拖拉机作牵引动力，实行旋耕、镇压、覆膜、覆土一体化作业，具有作业速度快、覆土均匀、覆膜平整、镇压提墒、苗床平实、有效防止地膜风化损伤和苗孔错位等优点。如果土壤湿度过大，进行翻耕后晾晒1~2天，然后耙松平整土壤再覆膜，避免播种时播种孔（鸭嘴）堵塞。覆膜后要防止人畜践踏，以延长地膜使用寿命，提高保墒效果。

三、播种

（一）播种规格

播种深度3~5厘米，行距14~15厘米，穴距12厘米，采用120厘米的膜时每幅膜播8~9行。

（二）播种密度

春小麦以主茎成穗为主，应适当加大播量，要根据小麦品种特性、海拔高度等确定播种量。一般行距14~15厘米，穴距12厘米，每穴12~15粒，亩播量45万~55万粒。播种量：大穗品种（千粒重在50~55克）一般每亩25~30千克，常规品种

（千粒重在42~48克）一般每亩22~28千克为宜。

四、田间管理

（一）前期管理

播种后如遇雨，要及时破除板结，一般采用人力耙耱器或专用破除板结器趁地表湿润破除板结，地表土干裂时则影响破除效果。若发现苗孔错位膜下压苗，应及时放苗封口。遇少量杂草则进行人工除草。

（二）适时灌水

在灌好冬水的基础上，田水每田灌水量50~60立方米，拔节水每亩灌水量70~80立方米，抽穗水每亩灌水量60~70立方米，灌浆水每亩灌水量50~60立方米。干热风重发频发区，可在干热风来临前2~3天浇“洗脸水”（每亩20~30立方米），当天渗完。

（三）预防倒伏

为了有效控制旺长、徒长，预防倒伏，首先要选择抗倒伏的中矮秆小麦品种，一般株高不超过85厘米；其次，在小麦拔节初期，亩用矮壮素或壮丰安50~100克，对水30千克进行叶面喷洒，或用吨田宝50毫升，对水15千克进行叶面喷洒，可有效预防倒伏。

（四）追肥

春小麦进入分蘖—拔节期后，结合灌水撒施尿素进行追肥，每亩追施尿素15~20千克，促壮、增蘖；抽穗期结合灌水亩追施尿素5~10千克，保花增粒；灌浆期用0.3%的磷酸二氢钾溶液（亩用150克磷酸二氢钾，对水50千克）及1%~1.5%尿素溶液进行叶面追肥，促进灌浆，增加粒重，提高产量。

（五）一喷三防

即通过一次混合喷施杀菌剂、杀虫剂、叶面肥等，同时实现防病（锈病、白粉病）、防虫、防干热风的目的。每亩采用20%三唑酮乳油50~60毫升或15%粉锈宁可湿性粉剂50~75克+50%抗蚜威可湿性粉剂40毫升+10%吡虫啉+3%蚜克星对水喷雾，或采用一次性亩用磷酸二氢钾100克+20%三唑酮乳油50毫升+抗蚜威或30%丰保乳油40毫升+吨田宝50毫升混配叶面喷雾。小麦抽穗—灌浆期酌情进行1~2次“一喷三防”，每次相隔7~10天。

第四章　小麦病虫害防治技术图谱

第一节　小麦病害防治技术图谱

一、小麦白粉病

20 世纪 70 年代后期以来，由于小麦生产耕作制度的变化，特别是密植、灌溉和氮肥使用量的增加，小麦白粉病逐年加重，已成为我国小麦生产上的重大常发病害之一。

发病后期形成闭囊壳（小黑点）

【症状】该病可侵害小麦植株地上部各部位，但以叶片和叶鞘为主，发病重时颖壳和芒也可受害。发病时，叶面出现1~2毫米的白色霉点，后逐渐扩大为近圆形至椭圆形白色霉斑，霉斑表面有一层白粉，遇有外力或振动立即飞散。这些粉状物就

发病严重时，为害麦穗颖壳和芒

是该菌的菌丝体和分生孢子。后期病部霉层变为灰白色至浅褐色，病斑上散生有针头大小的小黑粒点，即病原菌的闭囊壳。

小麦白粉病和叶锈病混合发生

小麦白粉病严重危害小麦

小麦白粉病叶面病斑

【防治方法】

白粉病的防治以推广抗病品种为主，辅之以减少菌源、栽培防治和化学药剂防治的综合防治措施。

（1）选用抗病丰产品种，可有效抑制小麦白粉病的发生。

小麦白粉病与叶锈病初期病斑

（2）减少菌源。由于自生麦苗上的分生孢子是小麦秋苗的主要初侵染菌源，因此，在小麦白粉病的越夏区，麦收后应深翻土壤、清除病株残体；在麦播前要尽可能消灭自生麦苗，以减少菌源，降低秋苗发病率。

（3）农业防治。适期适量播种，控制田间群体密度，以改善田间通风透光，增强植株抗病力，减少早春分蘖发病；根据土壤肥力状况，控制氮肥用量，增施有机肥和磷钾肥，避免偏氮肥造成麦苗旺长而感病；合理灌水，降低田间湿度。如遇干旱及时灌水，促进植株生长，提高抗病能力。

（4）适时进行药剂防治。药剂防治包括播种期种子处理或在生长期喷药防治。

①拌种。在秋苗发病早期且严重的地区，采用播种期拌种能有效抑制苗期白粉病的发生，同时，兼治条锈病和纹枯病等病害，所用药剂为三唑酮或戊唑醇。

②生长期喷药防治。在春季发病初期病要及时喷药防治，常用药剂有：三唑酮、烯唑醇、丙环唑等。药剂防治是控制小麦白粉病的主要措施。小麦返青拔节后，在小麦白粉病感病率

达10%时，即应进行药剂防治。

目前，生产上常用于防治小麦白粉病的农药是每亩用三唑酮有效成分7~10克，近年来有部分地区和群众反映使用三唑酮防治小麦白粉病效果下降，可能是长期、大量、单一地用药，使白粉病病菌对三唑酮产生了抗药性。而新型杀菌剂己唑醇、氯啶菌酯、苯氧菌酯悬、唑菌胺酯、戊唑醇、醚菌酯、嘧菌酯、烯肟菌酯、腈菌唑、烯唑醇等对小麦白粉病的防效较好，可与三唑酮轮换使用，以缓解病菌抗性逐年上升的趋势，提高对白粉病的防治效果。

二、小麦叶锈病

小麦叶锈病是世界性的小麦病害之一，在世界的分布范围比条锈病、秆锈病更广，我国各地均有发生，在流行年份，减产可达50%~70%。

【症状】本病主要侵染叶片，也侵害叶鞘，但很少侵害茎秆或穗部。叶片受害，产生许多散乱的、不规则排列的圆形至长

小麦叶锈病叶面病斑

椭圆形的橘红色夏孢子堆，表皮破裂后，散出黄褐色夏孢子粉。夏孢子堆较秆锈菌小而比条锈病菌大，多发生在叶片正面。后期在叶背面散生椭圆形黑色冬孢子堆。夏孢子堆多在叶片正面不规则散生，圆形至长椭圆形，疱疹状隆起，表皮破裂后出现橙黄色的粉状物。冬孢子堆主要发生于叶片背面和叶鞘上，散生，圆形或长椭圆形，黑色，扁平，表皮不破裂。

【病原】由担子菌的小麦隐匿柄锈菌侵染所引起。叶锈菌对环境的适应性比条锈菌和秆锈菌强，既耐低温也耐高温，对湿度的要求则高于条锈菌而低于秆锈菌。夏孢子萌发和侵入最适温为 15~20℃，湿度大于 95%就可萌发。叶锈菌生理分化明显，存在许多生理小种。

小麦叶锈病与白粉病病斑同时发生

【防治方法】以抗病品种为主，药剂防治和栽培措施为辅的综合防治原则。在一个地区要选用适合当地种植的几个抗病品种，合理布局搭配，防止单一化。同时，加强栽培管理，增强抗性。化学防治要做到早发现，早防治。

（1）种植抗病品种和品种合理布局。在小麦锈病的越夏区

小麦叶锈病为害成熟期叶片状

小麦叶锈病为害状

和越冬区分别种植不同抗原类型的小麦品种，实行抗锈基因合理布局。

（2）栽培防治。适期播种，避免早播，减轻秋苗发病，减

小麦叶锈病冬孢子堆

小麦叶锈病发病后期叶片褪绿

少秋季菌源。越夏区要消灭自生麦苗，减少越夏菌源的积累和传播。早春镇压、耙梢。合理施肥灌水。增施磷肥、钾肥，氮、磷、钾肥合理搭配施用，有利于增强麦株抗锈能力。速效氮肥

小麦叶锈病发病初期单个病斑

小麦叶锈病叶面失绿斑点

应避免过量、过迟施用，以防止麦株贪青晚熟，加重后期锈病危害。

（3）药剂防治。生长期喷药防治：在小麦旗叶生长至抽穗期，病叶率为5%~10%时，及时进行喷药防治。常用药剂为三唑酮（粉锈宁）、烯唑醇、丙环唑、戊唑醇等。

小麦叶锈病叶片病斑

三、小麦条锈病

小麦条锈病是小麦锈病之一，小麦锈病俗称“黄疸病”，分条锈病、秆锈病、叶锈病3种。其中，以小麦条锈病发生传播快，为害严重。主要发生在河北、河南、陕西、山东、山西、甘肃、四川、湖北、云南、青海、新疆维吾尔自治区等省、自治区。

【症状】 小麦条锈病主要发生在叶片上，其次是叶鞘和茎秆，穗部、颖壳及芒上也有发生。苗期染病，幼苗叶片上产生多层轮状排列的鲜黄色夏孢子堆。成株叶片初发病时夏孢子堆为小长条状，鲜黄色，椭圆形，与叶脉平行，且排列成行，像缝纫机轧过的针脚一样，呈虚线状，后期表皮破裂，出现锈被色粉状物。小麦近成熟时，叶鞘上出现圆形至卵圆形黑褐色夏孢子堆，散出鲜黄色粉末，即夏孢子。后期病部产生黑色冬孢子堆。冬孢子堆短线状，扁平，常数个融合，埋伏在表皮内，成熟时不开裂，别于小麦秆锈病。3 种锈病区别可用“条锈成行，叶锈乱，秆锈是个大红斑”来概括。

小麦条锈病为害叶片

小麦条锈病为害叶片病斑

田间苗期发病严重的条锈病与叶锈病症状易混淆，不好鉴

小麦条锈病初期病斑

小麦条锈病叶片染病

别。小麦叶锈夏孢子堆近圆形，较大，不规则散生，主要发生在叶面，成熟时表皮开裂一圈，别于条锈病。

【病原】 病原为条形柄锈菌（小麦专化型），属担子菌真菌。

该菌致病性有生理分化现象，我国已发现 29 个生理小种，分别为条中 1~29 号，条锈菌生理小种很易产生变异，1950 年以后，已出现过 5 次优势小种的改变。

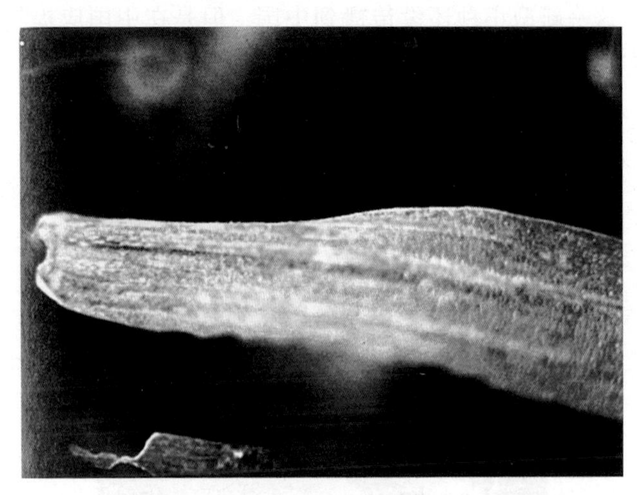

小麦条锈病叶片病斑

【防治方法】 以选用抗病品种为主，药剂防治和栽培措施为辅的综合防治原则。在一个地区要选用适合当地种植的几个抗病品种，合理布局搭配，防止单一化。同时，加强栽培管理，增强抗性。化学防治要做到早发现，早防治，根据我国小麦条锈病发生特点，采取分区治理的策略，以菌源区的早期发病田预防为突破，以流行蔓延区发病中心的封锁控制为重点，以流行区的普遍防治为保障，打好菌源区源头治理、早发区应急控制和主产麦区重点防治 3 个战役。

四、小麦秆锈病

小麦秆锈病主要发生在华东沿海、长江流域、南方冬麦区及东北、华北的内蒙古自治区、西北春麦区。小麦秆锈病在中国的流行年份最高使小麦减产 75%，其中，部分地区甚至绝产。

1956年的大流行受灾严重的省份小麦损失高达10亿千克，每次流行都造成大面积的产量损失。1998年，在非洲的乌干达发现新型的秆锈菌生理小种Ug99，导致所传播区域内小麦最高减产80%，这一新型小种还没传播到中国，但是在中国应提早加强小麦秆锈病的研究和秆锈菌小种的监测。

小麦秆锈病侵害麦穗

【症状】主要发生在叶鞘和茎秆上，也为害叶片和穗部。夏孢子堆大，长椭圆形，深褐色或褐黄色，排列不规则，散生，常连接成大斑，成熟后表皮易破裂，表皮大片开裂且向外翻成唇状，散出大量锈褐色粉末，即夏孢子。小麦成熟时，在夏孢子堆及其附近出现黑色椭圆至长条形冬孢子堆，后表皮破裂，散出黑色粉末状物，即冬孢子。在小麦成熟前3周秆锈菌侵染到小麦上，破坏小麦茎叶部的组织，在叶部其孢子穿透叶片，使感病区域叶片完全破坏，使其光合作用面积减小。在茎部破坏疏导组织，使其向上营养运输受阻。发病严重会导致小麦死亡。使小麦成熟期遭到毁灭性破坏，影响小麦产量。

小麦秆锈病茎秆和叶片受到侵染

小麦秆锈病叶片症状

小麦秆锈病茎秆病斑

【病原】病原为禾柄锈菌（小麦变种），属担子菌真菌。菌丝丝状，有分隔，寄生在小麦细胞间隙，产生夏孢子和冬孢子在小麦上。小麦秆锈菌致病性有生理分化现象，目前，我国已发现 16 个生理小种，经证实在中国 21C3 和 34C2 一直是主要流行小种且较稳定。Ug99 是一种新型的秆锈菌毒性小种，1998 年发现于中非乌干达，除了对 Sr31 的特殊毒力外，对其他 50 余个抗秆锈病基因多数都有极罕见的联合致病力，而且其毒力还在不断进化，产生毒力更强的变异体，需要引起足够重视。

【防治方法】

（1）选用抗病品种，种植时要兼顾抗原的多样化和合理布局。

（2）药剂防治参见小麦条锈病。

五、小麦赤霉病

小麦赤霉病又名麦穗枯、红头瘴、烂麦头，在全世界普遍发生，主要分布于潮湿和半潮湿区域，尤其气候湿润多雨的温带地区受害严重，是小麦和大麦的重要病害。在我国，该病害主要流行于长江中下游冬麦区、华南冬麦区、黄淮流域冬麦区和东北三江平原春麦区，在大流行年份，产量损失可达10%～

40%。近年来，在黄淮海平原麦区、西北麦区和东北春麦也多次发生大流行，造成很大损失。赤霉病不仅造成麦类产量的减少，而且商品价值也低，病粒失去种用和工业价值。同时，由于病菌的代谢产物含有毒素，人、畜食用后还会中毒。

【症状】主要引起苗枯、穗腐、茎基腐、秆腐，从幼苗到抽穗都可受害。其中，影响最严重是穗腐。

（1）苗腐。是由种子带菌或土壤中病残体侵染所致。先是芽变褐，然后根冠随之腐烂，轻者病苗黄瘦，重者死亡，枯死苗湿度大时产生粉红色霉状物（病菌分生孢子和子座）。

麦穗枯干有红色霉层

粒干瘪并伴有白色至粉红色霉

小麦赤霉病病粒（上行）与健粒（下行）

小麦赤霉病田间为害状

小麦赤霉病田间为害状

（2）穗腐。小麦扬花时，在小穗和颖片上产生水浸状浅褐色斑，渐扩大至整个小穗，小穗枯黄。湿度大时，病斑处产生粉红色胶状霉层。后期其上产生密集的蓝黑色小颗粒（病菌子囊壳）。用手触摸，有突起感觉，不能抹去，籽粒干瘪并伴有白色至粉红色霉。小穗发病后扩展至穗轴，病部枯竭，使被害部以上小穗，形成枯白穗。

（3）茎基腐。自幼苗出土至成熟均可发生，麦株基部组织受害后变褐腐烂，致全株枯死。

（4）秆腐。多发生在穗下第一、二节，初在叶鞘上出现水渍状褪绿斑，后扩展为淡褐色至红褐色不规则形斑或向茎内扩展。病情严重时，造成病部以上枯黄，有时不能抽穗或抽出枯黄穗。气候潮湿时病部表面可见粉红色霉层。

【病原】该病由多种镰刀菌引起。有禾谷镰孢、燕麦镰孢、黄色镰孢、串珠镰孢、锐顶镰孢等，都属于半知菌亚门真菌。

小麦赤霉病为害穗部

小麦赤霉病在高湿时产生白色菌丝

优势种为禾谷镰孢，其大型分生孢子镰刀形，有隔膜3~7个，顶端钝圆，基部足细胞明显，单个孢子无色，聚集在一起呈粉红色粘稠状。小型孢子很少产生。有性态称玉蜀黍赤霉，属子囊菌亚门真菌。子囊壳散生或聚生于寄主组织表面，略包于子座中，梨形，有孔口，顶部呈疣状突起，紫红或紫蓝至紫黑色。子囊无色，棍棒状。子囊孢子无色，纺锤形，两端钝圆，多为3个隔膜。

【防治方法】

（1）选用抗（耐）病品种。截止目前未找到免疫或高抗品种，但有一些农艺性状良好的耐病品种，各地可因地制宜地选用。

（2）农业防治。合理排灌，湿地要开沟排水。收获后要深耕灭茬，减少菌源。适时播种，避开扬花期遇雨。提倡施用酵素菌沤制的堆肥，采用配方施肥技术，合理施肥，忌偏施氮肥，提高植株抗病力。

（3）药剂防治。

①用增产菌拌种。每亩麦田用固体菌剂100~150克或液体菌剂50毫升，对水后喷洒种子并拌匀，晾干后播种。

②防治重点是在小麦扬花期预防穗腐发生。在始花期喷洒，要在小麦齐穗扬花初期（扬花株率5%~10%）用药。药剂防治应选择渗透性好、耐雨水冲刷和持效性较好的农药，每亩可选用25%氰烯菌酯悬浮剂100~200毫升或40%戊唑·咪鲜胺水乳剂20~25毫升或28%烯肟·多菌灵可湿性粉剂50~95克，对水30~45千克细雾喷施。视天气情况、品种特性和生育期早晚再隔7天左右喷第二次药，注意交替轮换用药。

（4）防治注意事项。

①防治关键在于抓住时机+足量用药+足量用水+二次用药。防治时机为抽穗至扬花初期、降雨前6~24小时，5~7天后再次防治，其次为雨停后24小时内最晚36小时或雨间歇期间喷药，5~7天后二次用药。

②用水量每亩不低于 15 千克，喷片选用小孔喷片，提高雾化效果和单位面积雾滴数，提高穗部着药均匀度。用直喷头或如果无风风小，喷头离开穗顶一尺左右，利于雾滴飘移降落，增加穗部着药机会和数量。

③安排好浇水时间，避开扬花期浇水，以避免增加田间湿度和感病机会。但是如果扬花期干旱也是减产因素，因此需要灵活掌握和合理安排浇水时间。为防赤霉病，应避免喷灌。

六、小麦灰霉病

小麦灰霉病是发生在小麦穗部的重要病害，该病从苗期到成熟期均可发病。

小麦灰霉病为害麦穗状

小麦灰霉病叶片病斑

小麦灰霉病病粒

小麦灰霉病病粒变褐色

【症状】小麦叶片染病初在基部叶片上现不规则水浸斑，拔节后叶尖先变黄，且下部叶片先发病，后逐渐向上蔓延。病部现水渍状斑，褪绿变黄，后形成褐色小斑，最后变为黑褐色枯死，其上产生白色霉状物，即病菌孢子梗和分生孢子。春季长期低温多雨条件下，穗部发病，颖壳变褐，生长后期病部可长出灰色霉层。

【病原】病原为灰葡萄孢，属半知菌类真菌。分生孢子球形或卵形，生于枝顶端，单胞无色至灰色，呈葡萄穗状聚生于分生孢子梗分枝的末端。

【传播途径】小麦灰霉菌属弱寄生菌，在田间靠气流传播，遇有潮湿环境或连续阴雨，病情扩展迅速，植株上下部叶片不同部位均可同时发病，形成发病中心。尤其是穗期多雨穗部易感病。感病品种叶鞘和茎秆上均可见到一层灰白霉。3 月份气温低且多雨发病重。

【防治方法】

（1）选用抗灰霉病的品种。

（2）加强田间管理，提高抗病力。

（3）小麦扬花灌浆期中，日平均温度15℃以上，连阴雨开始前的4~5天中，每亩用甲基硫菌灵或多菌灵50~75克，有良好的防病增产效果。

七、小麦散黑穗病

小麦散黑穗病俗称黑疸，乌麦、灰包，在我国冬、春麦区都有发生，分布普遍，发病重的地块其发病率可达10%~15%。

【症状】主要在穗部发病，病穗比健穗较早抽出。最初病小穗外面包一层灰色薄膜，成熟后破裂，散出黑粉（病菌的厚垣孢子），黑粉吹散后，只残留裸露的穗轴。病穗上的小穗全部被毁或部分被毁。一般主茎、分蘖都出现病穗，但在抗病品种上有的分蘖不发病。小麦同时受腥黑穗病菌和散黑穗病菌侵染时，病穗上部表现为腥黑穗，下部为散黑穗。散黑穗病菌偶尔也侵害叶片和茎秆，在其上长出条状黑色孢子堆。

小麦散黑穗病病穗与健穗对比

小麦散黑穗病病株

【病原】 病原为裸黑粉菌，属担子菌门真菌。该菌有寄主专化现象，小麦上的病菌不能侵染大麦，但大麦上的病菌能侵染小麦。厚垣孢子萌发，只产生 4 个细胞的担子，不产生担孢子。

【防治方法】

（1）种子处理。用三唑酮、戊唑醇或烯唑醇拌种，可兼治小麦秆黑粉病和腥黑穗病。

（2）建立无病种子田。无病留种田应设在远离大面积麦田 300 米以外的地方。小麦抽穗前，注意对种子田的检查，及早拔除残留的病穗，以保证种子完全不受病菌的侵染。

八、小麦秆黑粉病

小麦秆黑粉病在全国各麦区都有发生，北部较南部发生多，只侵害小麦。

【症状】 当株高 0.33 米左右时，在茎、叶、叶鞘等部位出现与叶脉平行的条纹状孢子堆。孢子堆略隆起，初白色，后变灰白色至黑色，病组织老熟后，孢子堆破裂，散出黑色粉末，即冬孢

小麦秆黑粉病叶片病斑

子。病株多矮化、畸形或卷曲，多数病株不能抽穗而卷曲在叶鞘内或抽出畸形穗。病株分蘖多，有时无效分蘖可达百余个。

小麦秆黑粉病叶片症状

小麦秆黑粉病为害茎秆

【病原】病原为小麦条黑粉菌，该菌存有不同专化型和生理小种。

【防治方法】

（1）选用抗病品种，换用无病种子。

（2）土壤传病为主的地区，可与非寄主作物进行1~2年轮作。

（3）精细整地，适期播种，避免过深，以利出苗。

（4）土壤传病为主的地区提倡种子拌种。用三唑酮、戊唑醇、烯唑醇或苯醚甲环唑、苯醚·咯菌腈拌种，100千克小麦拌2%立克秀（戊唑醇）湿拌剂200克或2.5%适乐时（咯菌清）悬浮种衣剂200毫升能够获得更好的防治效果。也可3%苯醚甲环唑（敌委丹）悬浮种衣剂100~200毫升拌100千克小麦种子，加1~1.5升水稀释，把药剂在适当的容器中加水稀释，充分混匀后即可拌种包衣。

九、小麦腥黑穗病和矮腥黑穗病

小麦腥黑穗病和矮腥黑穗病别名腥乌麦、黑麦、黑疸。

【症状】小麦腥黑穗病，一般病株较矮，分蘖较多，病穗稍短且直，颜色较深，初为灰绿，后为灰黄。颖壳麦芒外张，露出部分病粒（菌瘿）。病粒较健粒短粗，初为暗绿，后变灰黑，外包一层灰包膜，内部充满黑色粉末（病菌厚垣孢子），破裂散出含有三甲胺鱼腥味的气体，故称腥黑穗病。

小麦腥黑穗病穗（左）与健穗（右）

小麦矮腥黑穗病，刺激麦株产生较多分蘖，比健株多1倍以上，最多至30~40个。有些小麦品种幼苗叶片上出现褪绿斑点或条纹。拔节后，病株茎秆伸长受抑制，明显矮化，高度仅为健株的1/4~2/3，个别病株高度只有10~25厘米，但一些半矮秆品种病株高度降低较少。病株穗子较长，较宽大，小花增多，达5~7个，有的品种芒短而弯，向外开张，因而病穗外观比健穗肥大。病穗有鱼腥臭味。各小花都成为菌瘿。菌瘿黑褐色，较网腥的菌瘿略小，更接近球形，坚硬、不易压碎，破碎后呈块状，内部充满黑粉，即病原菌的冬孢子。在小麦生长后期，病粒遇潮、遇水可被胀破，孢子外溢，干燥后成为不规则的硬块。小麦矮腥黑穗病的典型症状与小麦腥黑穗病有明显区别。

小麦腥黑穗病在晒场上部分病籽粒

【病原】小麦腥黑穗病病原菌有两种，一种是小麦网腥黑粉菌 *metia caries*（DC.）Tul.；另一种是小麦光腥黑粉菌 *Tilletia foetida*（Wallr.）Lira。小麦矮腥黑穗病病原菌为 *TiUetia contraversa Kühn*。均属担子菌门真菌。

【防治方法】

（1）严禁病区自行留种、串换麦种：种子夹带病麦粒、病残体是远距离传播和当地蔓延的主要途径，因此，应禁止从病区引种；严禁病区的小麦做种子用，杜绝自行留种串换麦种。

（2）种子处理药剂拌种是预防和控制小麦腥黑穗病蔓延的一种简便、经济、有效、省工、省时的好方法，防治效果十分明显。可用3%苯醚甲环唑（敌委丹）悬浮种衣剂20毫升，加水150毫升充分混匀后，倒入要处理的10千克种子上，种子最

小麦腥黑穗病染黑麦粒

小麦腥黑穗病病穗

好盛在塑料袋或桶中，快速搅拌或摇晃，直至药液均匀分布于每粒种子上。敌委丹悬浮种衣剂，由先进的成膜剂加工而成，成膜固化快，拌种后无需晾晒即可播种。也可用2%立克秀拌种

小麦矮腥黑穗病病株明显矮化

剂 10~15 克，加少量水调成糊状液体与 10 千克麦种混匀，晾干后播种，都有较好的防治效果。

（3）农业防治。春麦不宜播种过早，冬麦不宜播种过迟。播种不宜过深。播种时施用硫铵等速效化肥做种肥，可促进幼苗早出土，减少侵染机会。冬麦提倡在秋季播种时，基施长效碳铵 1 次，可满足整个生长季节需要，减少发病。

十、小麦黑胚病

小麦黑胚病又叫黑点病，是一种小麦籽粒胚部或其他部分变色的一种病害。小麦黑胚病在我国原是小麦上一种不引人注意的病害，但近年来随着品种更替和水肥条件的改善，华北麦区有逐年加重趋势。据调查，我国小麦主产区河南、山东、河北等省推广的大部分小麦品种，都不同程度的有黑胚病，一般在 10%左右，严重的高达 40%以上。由于黑胚病危害，导致小麦等级下降，影响粮食收购价格和农民收入，已逐渐引起人们的重视。

【症状】 小麦感病后，胚部会产生黑点。如果感染区沿腹沟

小麦黑胚病田间发病

蔓延并在籽粒表面占据一块区域，会使籽粒出现黑斑，使小麦籽粒变成暗褐色或黑色。小麦黑胚病引起 3 种类型的症状。黑胚型：由链格孢侵染引起。通常在小麦籽粒胚部或胚的周围出现深褐色的斑点，这种褐斑或黑斑为典型的“黑胚”症状。

花粒型：由麦类根腐德氏霉侵染引起。一般籽粒带有浅褐色不连续斑痕，其中央为圆形或椭圆形的灰白色区域，引起典型的眼睛状病斑。镰孢霉侵染引起的症状是籽粒带有灰白色或浅粉红色凹陷斑痕。籽粒一般干瘪、重量轻、表面长有菌丝体。

小麦籽粒潮湿时或保湿情况下产生灰黑色霉层，部分产生灰白色至浅粉红色霉层。

【病原】多种病原真菌均能引起小麦黑胚，不同地区引起小麦黑胚病的病原菌不同，已报道的有细交链孢、极细交链孢、麦类根腐离蠕孢、麦类根腐德氏霉、芽枝孢霉、镰孢霉和丝核菌等，在我国主要是链格孢霉、腐德氏霉和离蠕孢镰孢霉引起的黑胚病最常见。致病力测定结果表明，麦类根腐离蠕孢菌所致的黑胚率病指最高，其次是极细交链孢菌和细交链孢菌。

小麦黑胚病（左病，右健）

【防治方法】

（1）利用抗病品种。培育和利用抗病品种是最经济有效的防治措施，小麦品种间对黑胚病的抗性有明显差异，这为抗病品种的培育和利用提供了可行性。

（2）栽培措施。合理施用水肥，保证小麦植株健壮不早衰，提高小麦植株的抗病性；小麦成熟后及时收获等，都可减轻病害。

（3）药剂防治。在小麦灌浆初期用杀菌剂喷雾可有效控制黑胚病危害。可选择烯唑醇、腈菌唑和戊唑醇，在小麦灌浆期进行喷雾防治。

十一、小麦纹枯病

小麦纹枯病又称立枯病、麦尖眼病，俗称烂秆、沤根，是小麦生产上一种常见性病害。近年来随着种植制度的改变、水肥条件的改善和高产耐密小麦新品种的推广与应用，其发生程度也趋于严重，已成为小麦生产的一种重要病害，严重影响着小麦的产量和品质。

【症状】小麦受纹枯菌侵染后，在各生育阶段出现烂芽、病苗枯死、花秆烂茎、枯株白穗等症状。烂芽表现在芽鞘褐变，

小麦纹枯病病株

以后芽枯死腐烂，不能出土；病苗枯死发生在3~4叶期，初仅第一叶鞘上现中间灰色，四周褐色的病斑，后因抽不出新叶而致病苗枯死；拔节后在基部叶鞘上形成中间灰色，边缘浅褐色的云纹状病斑，病斑融合后，茎基部呈云纹花秆状，即花秆烂茎；病斑侵入茎壁后，形成中间灰褐色，四周褐色的近圆形或椭圆形眼斑，造成茎壁失水坏死，最后病株因养分、水分供应不足而枯死，形成枯株白穗。此外，有时该病还可形成病健交界不明显的褐色病斑。近年，由于品种、栽培制度、肥水条件的改变，病害逐年加重，病区由南向北不断扩大。发病早的减产20%~40%，严重的形成枯株白穗或颗粒无收。

叶鞘上产生中央灰白、边缘褐色的病斑，茎秆上形成云纹状病斑，病株可见黄褐色的菌核，是识别小麦纹枯病的要点。

【病原】病原为喙角担菌，属担子菌门真菌。无性态称禾谷丝核菌和立枯丝核菌，均属半知菌类真菌。两菌的区别前者的细胞为双核，后者为多核。立枯丝核菌菌丝体生长温限7~40℃，适温为26~32℃，相对湿度高于85%时菌丝才能侵入寄主。

小麦纹枯病为害茎秆状

小麦纹枯病侵害茎秆

【防治方法】应采取农业措施与化防相结合的综防措施，才能有效地控制其为害。

(1) 选用抗病、耐病品种。目前，生产上缺乏高抗纹枯病的小麦品种，但可以尽量选用中抗、耐病或感病轻、丰产性好的品种。

(2) 合理轮作、加强田间管理。实行小麦与油菜、大豆、花生等轮作减少田间菌源积累。适当降低播量控制植株密度增强麦田通透性。适当增施有机肥，平衡施用氮、磷、钾化肥，合理密植，及时除草和排水，改善麦田生态环境培育壮苗，提高抗病性和补偿能力。

(3) 适期播种，避免早播，适当降低播种量，及时清除田间杂草，雨后及时排水。

(4) 药剂防治。小麦纹枯病在小麦生长的全过程都可侵染，但防治最有效，最省力的时机是在 2 月中下旬至 3 月中下旬，正是小麦返青、起身、拔节期，这时麦苗较小，喷药比较容易集中喷到小麦茎基部，起到较理想的作用。喷晚了小麦茎秆高、叶片大，喷药时既费工费药也很难喷到基部茎秆或叶鞘上，达不到防治效果。

①返青至拔节期每亩用 20%的井冈霉素可湿性粉剂 25 克，对水 50 千克进行喷雾。小麦纹枯病的防治宜早不宜迟，第一次用药时间在 3 月上中旬，隔 10 天再喷 1 次。喷药要对准小麦茎基部进行。

②孕穗至扬花期每亩用 12.5%的烯唑醇可湿性粉剂 15 克，对水 50 千克或 15%的粉锈宁可湿性粉剂 75 克，对水 50 千克进行防治。也可选择 43%戊唑醇悬乳剂 12 毫升/亩；30%苯醚·丙环唑 EC 20 毫升/亩；3%井冈·嘧苷素 AS 200 毫升/亩；75%肟菌·戊唑醇 WG 10 克/亩。以上药剂任选一种，亩对水 45 千克左右选择在晴天上午有露水时及时施药，使药液能流到麦株基部。

十二、小麦全蚀病

小麦全蚀病根茎变黑

小麦全蚀病别名小麦立枯病、黑脚病，全蚀病是小麦生产中一种毁灭性病害，主要危害小麦根部和茎秆基部，现已成为小麦生产的大敌，产量损失可达30%~70%，甚至绝产。小麦全蚀病是小麦上的一种由真菌感染的检疫性病害，其发生危害重、传播速度快。该菌寄主范围较广，能侵染玉米等10多种栽培或野生的禾本科植物。小麦全蚀病是一种典型的根部病害，广泛分布于世界各地。1884年英国最早记载，我国于1931年前后在浙江省发现，以后在部分省（区）零星发生。20世纪70年代初，小麦全蚀病在山东烟台严重发生，而今已扩展到西北、华北、华东等19个省（区），是小麦上的毁灭性病害，引起植株成簇或大片枯死，降低有效穗数、穗粒数及千粒重，造成严重的产量损失。

小麦全蚀病根茎变黑（“黑脚”症状）

小麦全蚀病致使小麦大面积提前枯干

【症状】全蚀病是一种根部病害，只侵染麦根和茎基部1~2节。苗期病株矮小，下部黄叶多，种子根和地中茎变成灰黑色，

小麦全蚀病（左）提前枯干

严重时造成麦苗连片枯死。拔节期冬麦病苗返青迟缓、分蘖少，病株根部大部分变黑，在茎基部及叶鞘内侧出现较明显灰黑色菌丝层。抽穗后田间病株成簇或点片状发生早枯白穗，病根变黑，易于拔起。在茎基部表面及叶鞘内布满紧密交织的黑褐色菌丝层，呈“黑脚”状，后颜色加深呈黑膏药状，上密布黑褐色颗粒状子囊壳。该病与小麦其他根腐型病害区别在于种子根和次生根变黑腐败，茎基部生有黑膏药状的菌丝体。

小麦全蚀病早期

小麦根部变黑腐烂，茎基部叶鞘内侧和茎秆表面有黑褐色菌丝层，称为“黑脚”，叶鞘内侧生有黑色颗粒状物，是识别小麦全蚀病的要点。

【病原】病原为禾顶囊壳禾谷变种和禾顶囊壳小麦变种，属子囊菌门真菌。

【防治方法】小麦全蚀病的防治应以农业措施为基础，充分利用生物、化学的防治手段，达到保护无病区、控制初发病区、治理老病区的目的。

（1）保护无病区。禁止从病区引种，防止病害蔓延，不用病区麦秸作包装材料外运。从病区调进种子要严格检验，播前用0.1%甲基硫菌灵浸种10分钟，处理种子表面的病原菌。

（2）合理轮作。重病区轮作倒茬可控制全蚀病危害，零星病区轮作可延缓病害扩展蔓延。轮作应因地制宜，坚持1~2年与非寄主作物轮作一次，如花生、烟草、番茄、甜菜、蓖麻、绿肥等。

（3）平衡施肥。增施有机底肥，提高土壤有机质含量。无机肥施用应注意氮、磷、钾的配比，土壤速效磷达0.06%、处理后0.07%、有机质含量1%以上，全蚀病发展缓慢；速效磷含量低于0.01%发病重。

（4）生物防治。对全蚀病衰退的麦田或即将衰退的麦田，要推行小麦两作或小麦玉米一年两熟制，以维持土壤拮抗菌的防病作用。美国用荧光假单胞菌防治全蚀病，大田增产30%，但效果不够稳定。中国农业科学院开发的生防菌，山东省农业科学院开发的生防菌剂“蚀敌”“消蚀灵”均有防效。

（5）药剂防治。12.5%全蚀净（硅噻菌胺）20~30毫升加水均匀喷在10千克种子上，闷种6~12小时后晾干播种。100千克小麦拌2%立克秀（戊唑醇）湿拌剂200克或2.5%适乐时（咯菌清）悬浮种衣剂200毫升能够获得更好的防治效果。也可用3%苯醚甲环唑（敌委丹）悬浮种衣剂100~200毫升拌100千克小麦种子，加1~1.5升水稀释，把药剂在适当的容器中加水稀释，充分混匀后即可拌种包衣。

在小麦起身至拔节期可喷洒70%戊唑醇2 000~3 000倍液或12.5%烯唑醇可湿性粉剂600~1 000倍液或喷洒消蚀灵、蚀敌等荧光假单胞杆菌制剂。注意让药液淋透小麦茎基部。

十三、小麦（镰刀菌）根腐病

小麦（镰刀菌）根腐病别名小麦根腐叶斑病或黑胚病、青死病。寄主有小麦、大麦、黑麦、燕麦、多种禾本科杂草。分布在全国各地，东北、西北春麦区发生重，黄淮海冬麦区也很普遍。全生育期均可引起发病，苗期引起根腐，成株期引起叶斑穗腐或黑胚，为我国麦田常发病害。

小麦镰刀菌根腐病

【症状】全生育期均可引起发病，苗期引起根腐，成株期引起叶斑、穗腐或黑胚。苗期染病种子带菌严重的不能发芽，轻者能发芽，但幼芽脱离种皮后即死在土中；有的虽能发芽出苗，但生长细弱。幼苗染病后在芽鞘上产生黄褐色至褐黑色梭形斑，边缘清晰，中间稍褪色，扩展后引起种根基部、根间、分蘖节和茎基部褐变，病组织逐渐坏死，上生黑色霉状物，最后根系朽腐，麦苗平铺在地上，下部叶片变黄，逐渐黄枯而亡。成株期染病叶片上出现梭形小褐斑，后扩展为长椭圆形或不规则形浅褐色斑，病斑两面均生灰黑色霉，病斑融合成大斑后枯死，严重的整叶枯死。叶鞘染病产生边缘不明显的云状斑块，与其连接叶片黄枯而死。小穗发病出现褐斑和白穗。

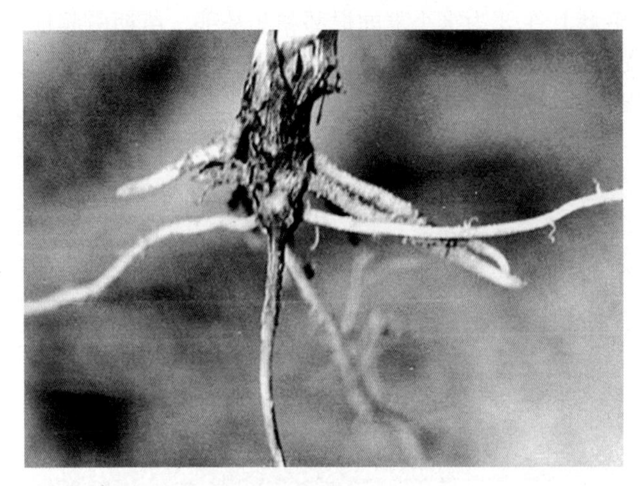

小麦镰刀菌根腐病为害状

【病原】病原为禾谷镰孢、燕麦镰孢、黄色镰孢，是多元性复合侵染的病害。

【防治方法】

（1）因地制宜选用适合当地栽培的抗根腐病的品种。种植不带黑胚的种子。

（2）麦收后及时耕翻灭茬，使病残组织当年腐烂，以减少下年初侵染源。

（3）采用小麦与豆科、马铃薯、油菜等轮作方式进行换茬，适时早播，浅播，土壤过湿的要散墒后播种，土壤过干则应采取镇压保墒等农业措施减轻受害。

（4）播种前50%福美双可湿性粉剂、20%三唑酮乳油，按种子重量的0.2%~0.3%拌种。

（5）成株开花期喷洒 25%丙环唑乳油 4000 倍液或 50%福美双可湿性粉剂，每亩用药 100 克，对水 75 千克喷洒。

十四、小麦丝核菌根腐病

【症状】 主要为害小麦的根部和茎基部。苗期引起根系及茎基部发病部位变褐坏死，地上部叶片边缘出现黄褐色云纹状斑，可致田间大量死苗。

小麦丝核菌根腐病致田间成片死苗

【病原】 病原为立枯丝核菌，属半知菌类，菌丝丝状，分枝发达，分枝处明显缢缩，离分枝不远处具分隔。幼嫩菌丝无色，老熟菌丝黄褐色。菌核由菌丝纠结而成。幼嫩菌核呈白色疏松绒球状；老熟菌核呈茶褐色萝卜籽粒状，表面粗糙，具海绵状孔。菌核外层为死细胞群，内层为活细胞群。担子桶形或亚圆筒形，较支撑担子的菌丝略宽，上具 3~5 个小梗，梗上着生担孢子。担孢子椭圆形至宽棒状，基部较宽。担孢子能重复萌发形成 2 次担子。

【侵染循环】 播种至出苗期均可发生。丝核菌主要以菌核、菌丝体在土壤或病残体中越冬。遇有发病条件即开始侵染。

主要为害小麦的根部和茎基部。苗期引起根系及茎基部发病部位变褐坏死，地上部叶片边缘出现黄褐色云纹状斑。

【发生因素】 土温低、湿度大、黏质土发病重。播种前整地粗放，种子质量不高，播种过深，土壤贫瘠，易发病。

【防治方法】

（1）实行大面积轮作。采用高垄或高畦栽培，认真平整土地，防止大水漫灌和雨后积水。

（2）苗期注意松土，增加土壤通透性。适期播种，不宜过早。

十五、小麦壳针孢叶枯病

小麦壳针孢叶枯病别名小麦斑枯病，是一个世界性的病害，已有 50 多个国家发现有该病的为害。在我国各主要小麦区均有发生，局部地区发生普遍，为害严重。此病主要为害小麦和黑麦。受害小麦，籽粒皱缩，出粉率低。

小麦壳针孢叶枯病为害旗叶

【症状】 主要为害叶片、叶鞘，也为害茎部和穗部。小麦拔节至抽穗期开始发病，叶脉间最初出现淡绿色至黄色纺锤形病斑，以后逐渐扩展并相互愈合成不规则形淡褐色大斑块，上面散生黑色小点，即病菌的分生孢子器。有时病斑呈黄色并连成条纹状，叶脉为黄绿色，乍看似黄矮病，但其条纹边缘为波浪形，且贯通全叶。严重时黄叶部分呈水渍状长条，并左右扩展，使叶片变成枯白色，上生小黑点（分生孢子器）。病叶一般从下部叶片开始向上发展，病斑从叶鞘向茎秆部扩展，并侵染穗部颖壳使其变为枯白色。病叶有时很快变黄、变薄、下垂，但不很快枯死。有的病叶病斑不大，但叶尖全部干枯，而后逐渐扩展。

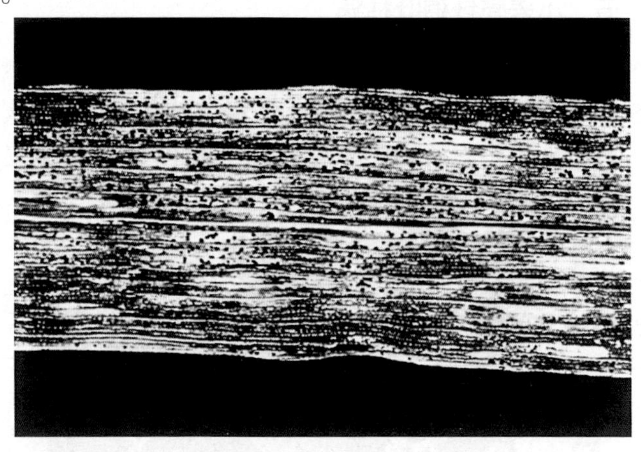

小麦壳针孢叶枯病叶片症状

【病原】小麦叶枯病病菌，属半知菌类，有性世代为子囊菌。分生孢子萌发最适温度为20~25℃，最低2~3℃，最高33~37℃。菌丝生长最适温度20~24℃。在此温度范围内，潜育期一般为15~21天。

【防治方法】

（1）选用抗（耐）病品种，各地可因地制宜地选择使用。

（2）清除病残体，深耕灭茬。消除田间自生苗，减少越冬（夏）菌源。冬麦适时晚播。使用充分腐熟有机肥，增施磷、钾肥，采用平衡施肥技术。重病田应实行 3 年以上轮作。

（3）药剂防治。在小麦分蘖前期和扬花期用 70%甲基硫菌灵可湿性粉剂 800～1 000 倍液或 50%多菌灵可湿性粉剂600～800 倍液、25%苯菌灵乳油 800 倍液、75%百菌清可湿性粉剂 500～600 倍液、70%代森锰锌可湿性粉剂 400～600 倍液。

十六、小麦黄斑叶枯病

小麦黄斑叶枯病别名小麦黄斑病，在全国各麦区均有发生，除寄生小麦外，还可以寄生大麦、黑麦、燕麦以及冰草、雀麦等 50 余种禾本科草。

小麦黄斑叶枯病

【症状】该病主要为害叶片，可单独形成黄斑，有时与其他叶斑病混合发生。叶片染病初生黄褐色斑点，后扩展为椭圆形至纺锤形大斑，大小（7～30）毫米×（1～6）毫米，病斑中央色深，有不太明显的轮纹，边缘边界不明显，外围生黄色晕圈，后期病斑融合，致叶片变黄干枯，各麦区均有发生，为害严重。

【病原】病原为小麦德氏霉，属半知菌类真菌。

小麦黄斑叶枯病病斑

小麦黄斑叶枯病叶片病斑

【防治方法】

（1）选用抗耐病品种和无病种子。

（2）提倡与非寄主植物进行轮作；合理密植，提高播种

小麦黄斑叶枯病为害状

质量。

（3）加强田间管理。秋翻灭茬，加快土壤中病残体分解，减轻苗期发病；合理灌水，控制田间湿度。

（4）药剂防治。当初穗期小麦中下部叶片开始发病，且多雨时，喷洒70%代森锰锌或50%福美双可湿性粉剂500倍液或20%三唑酮（粉锈宁）乳油可湿性粉剂2 000倍液、25%敌力脱乳油2 000~4 000倍液。

十七、小麦根腐叶枯病

【症状】叶上病斑较小，褐色，梭形或椭圆形，大小（3~5）毫米 ×（1~2）毫米。病斑两面都可产生橄榄色霉层，穗上亦可发病，初呈水渍状病斑，类似赤霉病初期症状，后期在发病小穗上产生浓厚黑色霉层，并引起麦粒胚部变黑成为黑胚粒。

【病原】病原为离蠕孢菌，属半知菌类，丝孢菌纲、丝孢菌目、暗色菌科。最适温度为22 ~ 25℃，产孢最适温度为20~24℃。

小麦根腐叶枯病（一）

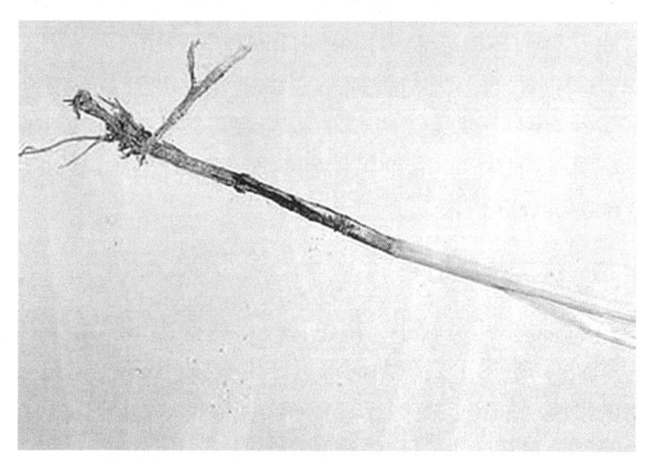

小麦根腐叶枯病（二）

【防治方法】防治方法参考小麦黄斑叶枯病。

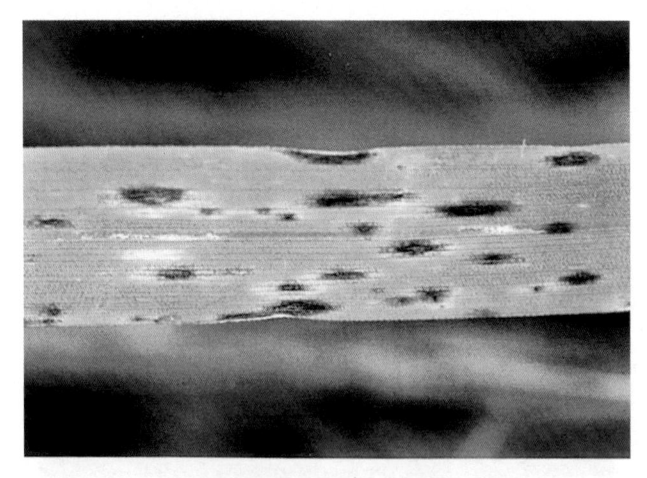

小麦根腐叶枯病叶片病斑

十八、小麦眼斑病

小麦眼斑病又名茎裂病，能寄生小麦、大麦、黑麦、燕麦等多种麦类作物及其他禾本科植物。

【症状】主要为害距地面 15～20 厘米植株基部的叶鞘和茎秆，病部产生典型的眼状病斑，病斑初浅黄色，具褐色边缘，后中间变为黑色，长 4 厘米，上生黑色虫屎状物。病情严重时病斑常穿透叶鞘，扩展到茎秆上，严重时形成白穗或茎秆折断。

【病原】病原为匍毛拟小尾孢，属半知菌类真菌。

【防治方法】

（1）与非禾本科作物进行轮作。

（2）收获后及时清除病残体和耕翻土地，促进病残体迅速分解。

（3）适当密植，避免早播，雨后及时排水，防止湿气滞留。

（4）必要时在发病初期开始喷洒 36%甲基硫菌灵悬浮剂 500 倍液或 50%苯菌灵可湿性粉剂1 500倍液。

小麦眼斑病茎基部坏死斑

小麦眼斑病茎部坏死斑

十九、小麦白绢病

小麦白绢病是20世纪70年代后期在南方部分县（市）发展起来的一种小麦病害。当地农民对此病俗称“基腐”“霉根”“折杆”“水死”“青枯”等。分布在我国南方各省（区、市），寄主范围很广，已知为害60多科中的200多种植物。此病流行成灾时，常导致小麦后期大面积成片枯死，严重影响小麦产量。

【症状】小麦茎基部受侵染后，初呈褐色软腐状，地上部根茎处白色绢状菌丝（故称白绢病），并有油菜籽状菌核，茎叶变黄，逐渐枯死。该病菌在高温高湿条件下开始萌动，侵染发生，沙质土壤、连续重茬、密度过大不通风，阴雨天发生较重。

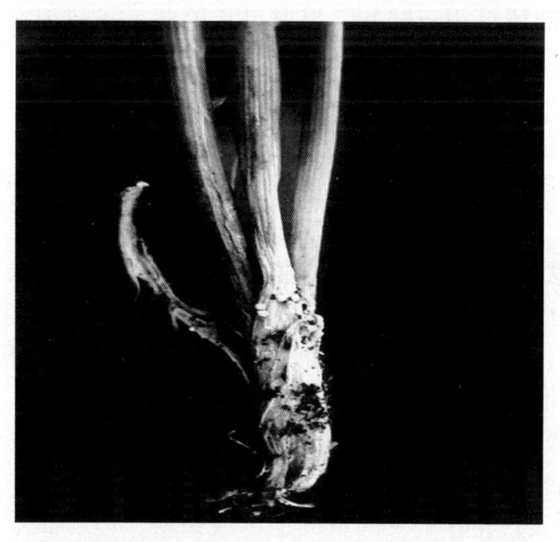

小麦白绢病根茎处白绢状菌丝处，有油菜籽状菌核

【病原】引起白绢病的病原无性世代为齐整小核菌属半知菌类，无孢菌群，小菌核属。

白绢病病菌发育的最适温度为30℃，最高约40℃，最低为

10℃，在 pH 值为 1.9~8.4 的条件下能生长，pH 值 5.9 时最适宜繁殖，光线能促进产生菌核。菌核在适宜条件下就会萌发，无休眠期，在不良条件下可以休眠，菌核在土壤中能存活 5~6 年，在低温干燥的条件下存活时间更长。

【防治方法】

（1）合理轮作。病株率达到 10%的地块就应该实行轮作，一般实行 2~3 年轮作，重病地块轮作 3 年以上，以花生与禾谷类作物轮作为宜。

（2）深翻改土，加强田间管理。清除病残枝，收获后深翻土地冻垡，减少田间越冬菌源，播种后做到"三沟"配套，下雨后及时排出地中积水。

（3）药剂防治。发病初期喷 20%三唑酮乳油 1 000倍液防治，发病期还可用三唑酮、根腐灵、硫菌灵等药剂灌根，防治效果非常明显。

二十、小麦霜霉病

小麦霜霉病别名黄化萎缩病，通常在田间低洼处或水渠旁零星发生。该病在不同生育期出现症状不同。

【症状】 苗期染病病苗矮缩，叶片淡绿或有轻微条纹状花叶。返青拔节后染病叶色变浅，并现黄白条形花纹，叶片变厚，皱缩扭曲，病株矮化，不能正常抽穗或穗从旗叶叶鞘旁拱出，弯曲成畸形龙头穗。

【病原】 病原为大孢指疫霉小麦变种，属卵菌门真菌。

【防治方法】

（1）实行轮作。发病重的地区或田块，应与非禾谷类作物进行 1 年以上轮作。

（2）健全排灌系统，严禁大水漫灌，雨后及时排水防止湿气滞留，发现病株及时拔除。

（3）药剂拌种。播前每 50 千克小麦种子用 25%甲霜灵可湿性粉剂 100~150 克（有效成分为 25~37.5 克）加水 3 千克拌种，

病穗（右、中）与健穗（左）

叶片变厚，皱缩扭曲

晾干后播种。必要时在播种后喷洒0.1%硫酸铜溶液或58%甲霜灵·锰锌可湿性粉剂800~1 000倍液、72%霜脲锰锌可湿性粉剂600~700倍液、69%安克·锰锌可湿性粉剂900~1 000倍液、72.2%霜霉威水剂800倍液。

二十一、小麦颖枯病

小麦颖枯病在世界50多个国家有分布，给有关国家的小麦生产带来巨大损失。小麦颖枯病在我国冬、春麦区均有发生，以北方春麦区发生较重。一般叶片受害率为50%~98%，颖壳受害率为10%~80%。目前，国内发现此病只为害小麦。受害植株，穗粒数减少，好粒皱缩干秕，出粉率降低，早期受害还可影响成穗率。20世纪70年代以来，该病在中国局部地区零星发生，且往往与根腐叶斑病、叶斑病等叶枯性病害混合发生，未引起注意。近几年来，随着小麦高肥水栽培及半矮秆、抗锈小麦的大面积推广，小麦颖枯病的发生和为害趋于严重。

小麦颖枯病

【症状】 小麦从种子萌发至成熟期均可受颖枯病为害，但主要发生在小麦穗部和茎秆上，叶片和叶鞘也可被害。穗部受害，初在颖壳上产生深褐色斑点，后变枯白色，扩展到整个颖壳，并在其上长满菌丝和小黑点分生孢子器，病重的不能结实。叶片上

小麦颖枯病

病斑初为长椭圆形、淡褐色小点，后逐渐扩大成不规则形病斑，边缘有淡黄色晕圈，中间灰白色，其上密生小黑点。有的叶片受侵染后无明显病斑，而全叶或叶的大部分变黄；剑叶被害多卷曲枯死。茎节受害呈褐色病斑，其上也生细小黑点。病菌能侵入导管，将导管堵塞，使节部发生畸变、弯曲，上部茎秆变灰褐色而折断枯死。

【病原】病原为颖枯壳针孢，属半知菌类真菌。

【防治方法】

（1）选用无病种子。颖枯病病田小麦不可留种。

（2）清除病残体，麦收后深耕灭茬。消灭自生麦苗，压低越夏、越冬菌源。实行 2 年以上轮作。春麦适时早播，施用充分腐熟有机肥，增施磷、钾肥，采用配方施肥技术，增强植株抗病力。

（3）药剂防治。种子处理用 50%多福混合粉（多菌灵与福美双为 1∶500 倍液；浸种 48 小时或 50%多菌灵可湿粉）、70%

甲基硫菌灵可湿粉、40%拌种双可湿粉，按种子量0.2%拌种。

重病区，在小麦抽穗期喷洒70%代森锰锌可湿性粉剂600倍液或75%百菌清可湿性粉剂800~1 000倍液和25%丙环唑乳油2 000倍液，隔15~20天喷1次，喷1~3次。

二十二、小麦煤污病

【症状】小麦植株上产生一层煤灰是由煤污病引起的。煤污病又称煤烟病，对小麦叶片、麦穗、茎秆都有危害。发病初期，病部出现许多散生的暗褐色至黑色辐射状霉斑。这种霉斑有时相连成片，形成煤污状的黑霉。黑霉只存在于植株的表层，用手就能轻轻擦去。危害严重时，小麦整株和成片污黑，影响植株的生长。

小麦煤污病为害麦穗状

【病原】有研究者对7个小麦主要产区的小麦煤污病样品进行了分离培养，共获得1 458个分离物，经鉴定分属11属14种真菌。其中，属于煤污菌范畴的有5属8种：链格孢、枝状枝孢、尖孢枝孢、草本枝孢、球孢枝孢、出芽短梗霉、黑附球菌和葡柄霉菌。各地的优势种群均为链格孢。

麦蚜引起煤污

小麦煤污病为害叶片

【防治方法】

（1）加强栽培管理。植株不可过密，改善通风透光条件，切忌环境阴湿，控制病菌滋生。

（2）虫害防治。积极防治蚜虫，可有效减轻病害发生。

二十三、小麦雪腐病

【症状】主要为害部位：根及叶鞘和叶片。主要为害小麦幼苗的根及叶鞘和叶片，一般易发生在有雪覆盖或刚刚融化的麦田。病株上初生浅绿色水渍状病斑，布满灰白色松软霉层，后产生大量黑褐色的菌核。病部组织腐烂、病叶极易破碎。此病新疆发生较重。

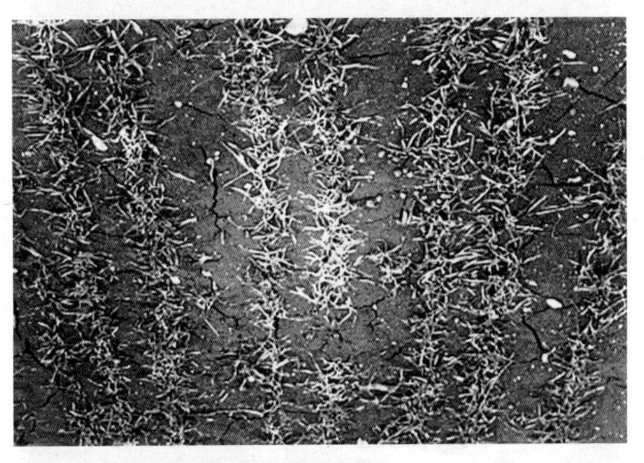

小麦雪腐病为害

【病原】病原为淡红肉孢核瑚菌，属担子菌门真菌。此外，同一属的几种病菌也可引起雪腐病。

【防治方法】

（1）轮作或与玉米、胡麻、瓜类等作物倒茬。这里的轮作不是寄主作物和非寄主作物的轮作，而是冬小麦与春小麦的轮作。将冬小麦改为春小麦，可避开冬季积雪这个发病有利条件，而且好的春小麦品种产量并不低于冬小麦。豆类作物可降低土壤中菌核的存活力，因此，倒茬尤其是与豆类作物倒茬有很好的减少菌源效果。

（2）增施有机肥和磷、钾肥，以增强植株抗病力。宜浇水后播种，播种不能过早也不能过迟，注意适期播种。冬灌时间不宜过迟，以防积雪后致土壤湿度过大。积雪融化后要及时做好开沟排水和春耙工作。收获后深翻。

（3）药剂拌种。用40%多菌灵超微可湿粉按种子重量0.3%拌种，防效可达90%以上。

二十四、小麦麦角病

【症状】 主要为害穗部，产生菌核，造成小穗不实而减产。被侵染的小花在开花期分泌黄色露状黏液（含有大量分生孢子），子房逐渐膨大，但不结麦粒，而是形成病原菌的菌核露出颖壳外。菌核紫黑色，麦粒状、刺状或角状，依寄主种类而不同。

麦角病（症状一）

麦角病（症状二）

【病原】 病原为麦角菌，属于子囊菌门真菌。子座有柄，顶部扁球形，内生多数子囊壳，成熟后释放出大量子囊孢子。

【防治方法】

（1）清选种子，汰除菌核。与玉米、豆类、高粱等非寄主作物轮作一年。

（2）病田深耕，将菌核翻埋于下层土壤，距地表4厘米以上。

（3）早期清除田间、地边的禾本科杂草，减少潜在菌源。

二十五、小麦黑颖病

小麦黑颖病分布在我国北方麦区。

【症状】 主要为害小麦叶片、叶鞘、穗部、颖片及麦芒。

染病穗上病部为褐色至黑色的条斑，多个病斑融合在一起后颖片变黑发亮。颖片染病后引起种子感染。致病种子皱缩或不饱满。发病轻的种子颜色变深。叶片染病初呈水渍状小点，渐沿叶脉向上、下扩展为黄褐色条状斑。穗轴、茎秆染病产生黑褐色长条状斑。湿度大时，以上病部均产生黄色细菌脓液。

【病原】病原为小麦黑颖病黄单胞菌，属细菌。生长适温24~26℃，高于38℃不能生长，致死温度50℃。该菌有许多致病型，除小麦专化型外，还有为害大麦、黑麦的专化型。

小麦黑颖病

【防治方法】

（1）建立无病留种田，选用抗病品种。

（2）种子处理。采用防治小麦散黑穗病变温浸种法，28~32℃浸4小时，再在53℃水中浸7分钟。

（3）发病初期开始喷洒新植霉素4 000倍液。

二十六、小麦细菌性条斑病

【分布为害】小麦细菌性条斑病是小麦上的主要病害之一。分布在北京、山东、新疆、西藏等省区。

【症状】主要为害小麦叶片，严重时也可为害叶鞘、茎秆、颖片和籽粒。病部初现针尖大小的深绿色小斑点，后扩展为半透明水渍状的条斑，后变深褐色，常出现小颗粒状细菌脓。褐色条斑出现在叶片上，故称为细菌性条斑病。病斑出现在颖壳上的称黑颖。

小麦细菌性条斑病整株症状

小麦细菌性条斑病小颗粒状细菌脓

小麦细菌性条斑病叶片症状

【病原】 病原为小麦黑颖病黄单胞菌（油菜黄单胞菌波形致病变种），属细菌。

小麦细菌性条斑病为害状

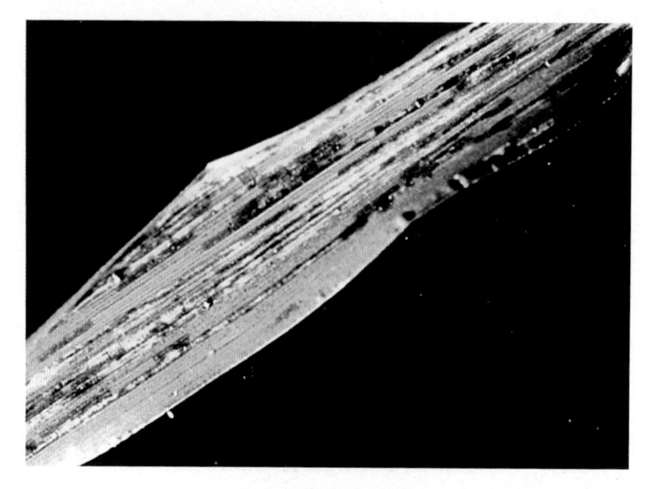

小麦细菌性条斑病

【防治方法】

（1）选用抗病品种，建立无病留种田。

（2）适时播种，冬麦不宜过早。春麦要种植生长期适中或偏长的品种，采用配方施肥技术。收获后及时耕翻灭茬，增加土壤有机质，提高土壤的熟化过程。增施有机肥，不偏施氮肥，合理密植，防止倒伏。提高灌水质量，切忌大水漫灌。

（3）种子处理，用45℃水恒温浸种3小时，晾干后播种；或用72%农用硫酸链霉素可溶性粉剂1 000倍液浸种8小时。

（4）发病前或发病初期可用72%农用硫酸链霉素可溶性粉剂15~30克/亩对水50千克进行叶面喷雾，间隔7~10天喷1次，共喷2~3次。

二十七、小麦条纹花叶病

小麦条纹花叶病又称伪条斑病，主要为害小麦、大麦、玉米、高粱、谷子、狗尾草、早熟禾、燕麦、马唐等。

【症状】为害部位为叶片。在小麦叶片上出现连续或断续淡绿色或淡黄色条纹，有时条纹集中，使叶片呈污白色，后期症状逐渐隐蔽，但病株仍造成秕穗产量下降。在大麦叶片上表现为褪绿条纹，常出现褐色不规则的坏死条斑，与由蠕孢菌引起条纹病很相似，因此，过去称此病为“伪条斑病”。

小麦条纹花叶病为害状

【病原】 小麦条纹花叶病毒是一种杆状粒体，大小有 130 纳米×30 纳米、125 纳米×25 纳米和 126 纳米×20 纳米三种类型，都分散在细胞质内，在细胞核内则聚集成团。这种病毒至今尚未发现有任何传毒昆虫介体。

【防治方法】

（1）对无病地区，应对引进麦种进行检验。国际上要求麦种带毒率超过 5%时，禁止进口或引入无病区作麦种用（只能作食用）。检验方法有两种：过去采用在麦种中随机取样作萌发，萌发后取麦叶汁液在枯斑寄主植物上作病毒鉴定；现在采用病毒抗血清的反应测定。此外，在温室中要直接检验麦苗发病率时，必须提高室温到 30℃左右，并加强光照（1 000勒克斯），否则不易显症。

（2）在已经发病麦田，不宜用本田或本麦区留种，而应采用无病田或无病区麦种。在有些麦田发病较少，当在病株症状最明显时期（扬花前）进行拔除，可连续拔除病株 3 年、病害可以趋于消灭。

二十八、小麦黄矮病

小麦黄矮病国际上叫大麦黄矮病，1950 年在美国加利福尼亚州的大麦上首先发现，是一种分布最广的禾谷类病毒病。在欧洲、南美洲、北美洲、大洋洲和亚洲均有发生和为害。我国于 1960 年在陕西、甘肃的小麦上发现。目前，主要分布在西北、华北、东北、华中、西南及华东等冬麦区、春麦区及冬春麦混种区。我国 20 世纪 60 年代以来曾 7 次大流行。在陕西、甘肃、宁夏回族自治区、山西和内蒙古自治区等省、自治区造成小麦严重减产。

小麦黄矮病为害状

【症状】 主要表现叶片黄化，植株矮化。叶片典型症状是自叶端向叶基逐渐黄化，不达叶鞘，拔节后叶褪绿，叶尖出现鲜黄色，植株稍矮。新叶发病从叶尖渐向叶基扩展变黄，黄化部分占全叶的 1/3~1/2，叶基仍为绿色，且保持较长时间，有时出现与叶脉平行但不受叶脉限制的黄绿相间条纹。病叶较光滑。发病早植株矮化严重，但因品种而异。冬麦发病不显症，越冬期间不耐低温易冻死，能存活的翌春分蘖减少，病株严重矮化，不抽穗或抽穗很小。拔节孕穗期感病的植株稍矮，根系发育不良。抽穗期发病仅旗叶发黄，植株矮化不明显，能抽穗，粒重降低。与生理性黄化的区别在于，生理性黄化从下部叶片开始发生，整叶发病，田间发病较均匀。黄矮病下部叶片绿色，新叶黄化，旗叶发病较重，从叶尖开始发病，先出现中心病株，然后向四周扩展。

【病原】病原为大麦黄矮病毒。病毒粒子为等轴对称正 20 面体。病叶韧皮部组织的超薄切片在电镜下观察，病毒粒子直径 24 纳米，病毒核酸为单链核糖核酸。病毒在汁液中致死温度为 65~70℃。

小麦黄矮病病株

小麦黄矮病红色反应

【防治方法】

（1）一方面，小麦品种间对病毒的抗性差异是明显的，不同程度耐受病毒的品种也较多；另一方面病毒不易检测，虫传范围又广，采取其他应急的防治措施比较困难。因此，在综合防治中，选用抗耐病品种是一项基本措施。

（2）治蚜防病是预防黄矮病流行的有效措施。由于苗期和秋季侵染所造成的损失远大于春季侵染，应注意拌种措施和秋季打药。用种子量0.5%灭蚜松或0.3%乐果乳剂拌种。喷药用40%乐果乳油1 000～1 500倍液或50%灭蚜松乳油1 000～1 500倍液、50%抗蚜威3 000倍液。毒土法40%乐果乳剂50克，对水1千克，拌细土15千克撒在麦苗基叶上，可减少越冬虫源。

（3）加强栽培管理，及时消灭田间及附近杂草。冬麦区适期迟播，春麦区适当早播，确定合理密度，加强肥水管理，提高植株抗病力。

（4）冬小麦采用地膜覆盖，防病效果明显。

二十九、小麦土传花叶病

小麦土传花叶病毒病主要为害冬小麦的叶片。山东、河南、江苏、浙江、安徽、四川、陕西等省均有发病报道，山东沿海、河南南部及淮河流域发生重。

【症状】主要为害冬小麦，多发生在生长前期。冬前小麦土传花叶病毒侵染麦苗，表现斑驳不明显。翌春，新生小麦叶片症状逐渐明显，现长短和宽窄不一的深绿和浅绿相间的条状斑块或条状斑纹，表现为黄色花叶，有的条纹延伸到叶鞘或颖壳上。病株穗小粒少，但多不矮化。该病症状与小麦梭条斑花叶病相近，需镜检病毒粒体或用血清学方法区分。

小麦土传花叶病为害状

【病原】病原为小麦土传花叶病毒。在低温干燥的组织中可存活 10 个月左右。

【防治方法】

（1）选用抗病或耐病的品种。

（2）与豆科、薯类、花生等进行 2 年以上轮作，调节播种期。

小麦土传花叶病病苗

（3）加强肥水管理，施用农家肥要充分腐熟。

（4）提倡高畦或起垄种植，严禁大水漫灌，禁止用带菌水灌麦，雨后及时排水，造成不利多黏菌侵入的传病条件。

三十、小麦梭条斑花叶病

小麦梭条斑花叶病又称小麦黄花叶病，是一种土壤传播的病毒病。

【症状】 该病在冬小麦上发生严重。染病后冬前不表现症状，到春季小麦返青期才出现症状，染病株在小麦4~6叶后的新叶上产生褪绿条纹，少数心叶扭曲畸形，以后褪绿条纹增加并扩散。病斑联合成长短不等、宽窄不一的不规则条斑，形似梭状，老病叶渐变黄、枯死。病株分蘖少、萎缩、根系发育不良，重病株明显矮化。

【病原】 病原为小麦梭条斑花叶病毒，又名小麦黄花叶病毒，属马铃薯Y病毒组。

【防治方法】

（1）选育推广抗病品种是控制该病流行最为经济有效的

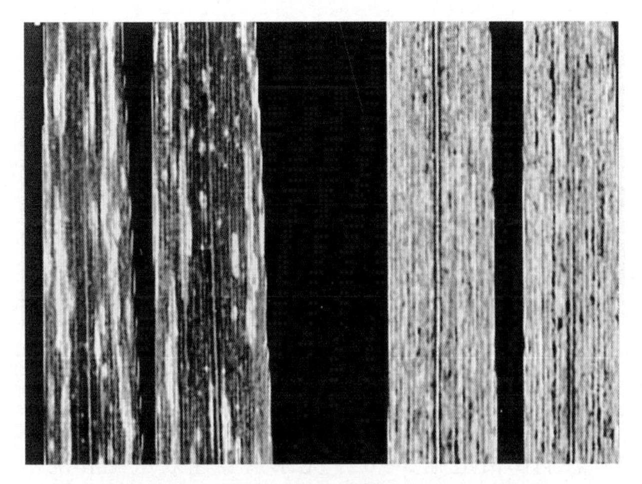

梭条斑花叶（左）与土传花叶病（右）对比

梭条斑花叶病

措施。

（2）可以通过轮作换茬，与油菜、大麦等进行多年轮作，减轻发病；避免病害通过病残体、病土等途径传播。

（3）加强管理增施基肥，提高苗期抗病能力；小麦返青后，及时中耕除草，以提高地温，改善土壤透气性，促进根系生长，

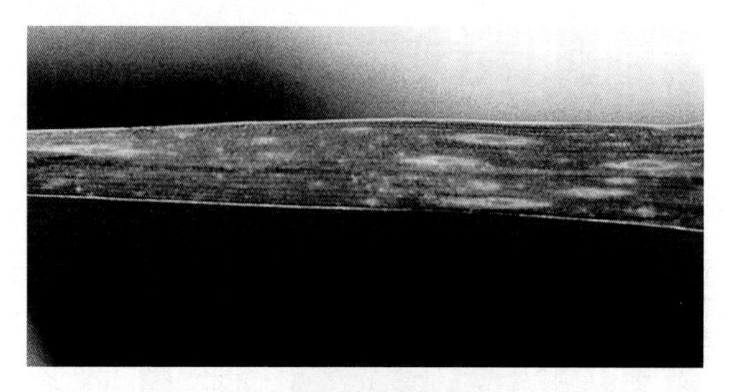

小麦梭条斑花叶病病斑

结合中耕增施速效氮肥。

(4) 轻病田亩追施 5~8 千克尿素等速效氮肥和浇水为主，配合喷施 0.4%磷酸二氢钾等叶面肥，促进苗情转化，减轻病害损失。

三十一、小麦丛矮病

【症状】染病植株上部叶片有黄绿相间条纹，分蘖增多，植株矮缩，呈丛矮状。冬小麦播后 20 天即可显症，最初症状心叶有黄白色相间断续的虚线条，后发展为不均匀黄绿条纹，分蘖明显增多。冬前染病株大部分不能越冬而死亡，轻病株返青后分蘖继续增多，生长细弱，叶部仍有黄绿相间条纹，病株矮化。一般不能拔节和抽穗。冬前未显症和早春感病的植株在返青期和拔节期陆续显症，心叶有条纹，与冬前显症病株比，叶色较浓绿，茎秆稍粗壮，拔节后染病植株只有上部叶片显条纹，能抽穗的籽粒秕瘦。

【病原】病原为北方禾谷花叶病毒，属弹状病毒组。病毒粒体杆状，病毒质粒主要分布在细胞质内，常单个或多个，成层或簇状包在内质网膜内。在传毒介体灰飞虱唾液腺中病毒质粒只有核衣壳而无外膜。病毒汁液体外保毒期 2~3 天，稀释限点 10~100 倍。丛矮病潜育期因温度不同而异，一般为 6~20 天。

小麦丛矮病为害状

【防治方法】

（1）清除杂草、消灭毒源。

（2）小麦平作，合理安排套作，避免与禾本科植物套作。

（3）精耕细作、消灭灰飞虱生存环境，压低毒源、虫源。适期连片播种，避免早播。麦田冬灌水保苗，减少灰飞虱越冬。小麦返青期早施肥水提高成穗率。

（4）药剂防治：用种子量 0.3%的 60%甲拌磷拌种堆闷 12 小时，防效显著。出苗后喷药保护，包括田边杂草也要喷洒，压低虫源，可用 70%吡虫啉每亩 2~3 克、也可用 25%噻嗪酮可湿性粉剂 750~1 000 倍液。小麦返青盛期也要及时防治灰飞虱，压低虫源。

三十二、小麦孢囊线虫病

小麦孢囊线虫病是一类危害小麦等禾谷类作物的重要线虫病害。目前，国内分布范围已达湖北、河北、河南、北京、山西、陕西、内蒙古自治区、青海、甘肃、山东、安徽、江苏和

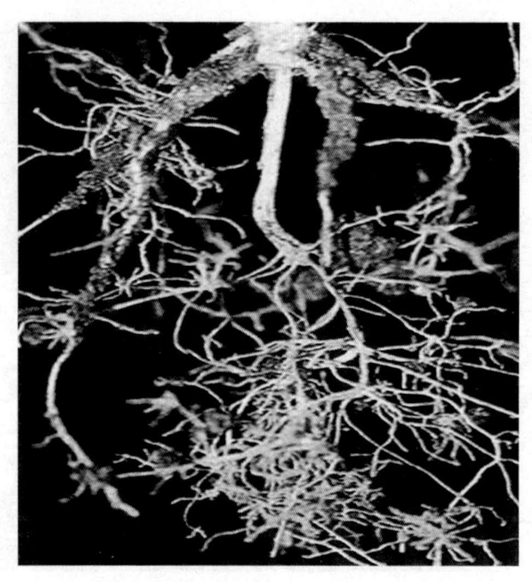

小麦孢囊线虫病

宁夏回族自治区 13 个省（区、市），尤以黄淮麦区为害最为严重。小麦孢囊线虫病近年来在我国小麦各种植区发生与蔓延的速度很快，发病面积逐年扩大，给我国的农业生产及粮食安全带来了威胁。禾谷孢囊线虫病最初被认为只在温带地区发生，但现在已经遍及世界各个温度带，在各种土质的禾谷作物生长区都有发生，尤其以澳洲、欧洲和美洲发生为重，严重影响了小麦的产量和质量。

【症状】在苗期，病田出苗稀疏，拔出幼苗根系，可见根系侧根多，呈二叉形。苗期病害的症状与缺水或营养缺乏症很相似，容易被忽视。在返青拔节期，麦苗地上部分叶片发黄；植株瘦弱，分蘖明显减少，病株明显矮于健株，根部形成很多根结，根结上又长出许多须根，严重时整个根系呈须根团状。在抽穗至扬花期，发病的小麦植株高度明显比健株矮，穗小且籽粒不饱满，根系的团根症状更加明显；在根系上可见白色亮晶状的雌虫外露，后期白色雌虫死亡变成褐色的孢囊（死亡的雌虫尸体），孢囊一旦老熟，很容易从根上脱落至土壤中，不利于

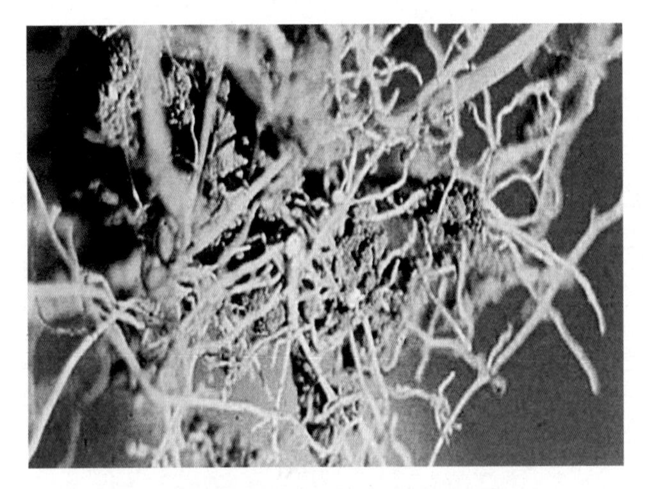

小麦孢囊线虫病为害根部有白色孢囊

病害的调查及诊断。

开展小麦孢囊线虫病害调查的最佳时期是小麦的抽穗后扬花期。将长势较矮的植株连根拔起，可见根系成团纠集在一起，须根较多，在细根上肉眼可见针眼大小的发亮白色圆点，用手指挤压有浆汁出现，可初步判断这是小麦孢囊线虫的雌虫。

【病原】禾谷孢囊线虫是一个复合种群，包括很多形态相近种，过去把这些为害禾本科作物及杂草的相近种统称为禾谷孢囊线虫。目前禾谷孢囊线虫组共有 11 个种。其中，造成经济为害最严重的是禾谷孢囊线虫、菲力普孢囊线虫和大麦孢囊线虫 3 个种。由于气候条件、土壤性质和栽培制度的不同，各国和地区之间禾谷孢囊线虫病的种类和小麦受害程度也有差异，其中，分布最广、为害最重的种类为禾谷孢囊线虫，该线虫是为害禾谷类作物的世界性病原线虫。

【防治方法】

由于小麦孢囊线虫的孢囊可以在土壤中存活多年，化学防治费用高，药剂毒性大，所以，主要采用非化学防治方法。

(1) 做好普查工作，勘定疫区并实行严格的检疫措施，特

小麦孢囊线虫病为害状

别是对跨区作业的农机具。

（2）选育利用抗耐病品种。国内外研究表明，选育和使用抗（耐）病品种是防治小麦孢囊线虫病最经济和有效的措施。澳大利亚通过培育和大力推广抗病品种，有效地控制了小麦孢囊线虫病的为害，产量损失大大减少。河南抗性较好的小麦品种有太空 6 号、中育 6 号、温麦 4 号、新麦 19、濮麦 9 号等品种（系）。

（3）病田与非禾本科作物轮作，豆科牧草、绿肥、油菜等都是轮作作物的较好选择。有条件的地区也可实行与水稻轮作控制该病危害。

（4）加强栽培管理，由于小麦孢囊线虫为害根系，造成根系发育不良，影响水肥的吸收，通过增施尿素和过磷酸钙给小麦提供足够的养分，增强小麦长势，能够提高小麦对孢囊线虫的耐病力，而且增产效果显著。但也要注意适量的施肥，可增施有机肥，增加土壤有机质含量，提高植株耐病力，减轻危害。在播种时通过适当的镇压以及播后灌水，都能在一定程度上减轻小麦孢囊线虫病的危害程度。

（5）化学防治。在小麦播种期，随播种沟施用15%涕灭威颗粒剂0.5~1.5千克/亩、噻唑磷（10%福气多）颗粒剂30千克/亩或2%阿维菌素颗粒剂1~3千克/亩。

三十三、小麦粒线虫病

小麦粒线虫病又叫粒瘿线虫病，全国冬、春麦区都有发生，尤以长江中下游和华北麦区为重。除为害小麦外，还可侵染黑麦和燕麦。

【症状】小麦受害后，从苗期至成熟期均可表现症状，但以后期最为明显。受害幼苗叶片皱缩、扭曲，叶色浅而肥嫩，叶尖常被包于叶鞘内，严重的萎缩枯死。在抽穗前，病株茎、叶膨大而弯曲。病穗表现短小，颖片张开，籽粒部分全部变为虫瘿。虫瘿比健粒短而粗，近球形，初为油绿色，后期变为黄褐色至黑褐色，顶部有小钩。不易压碎。剖开虫瘿，内含白色丝状的线虫。

小麦粒线虫病颖壳及芒被挤向外张开，从颖缝间露出瘿粒

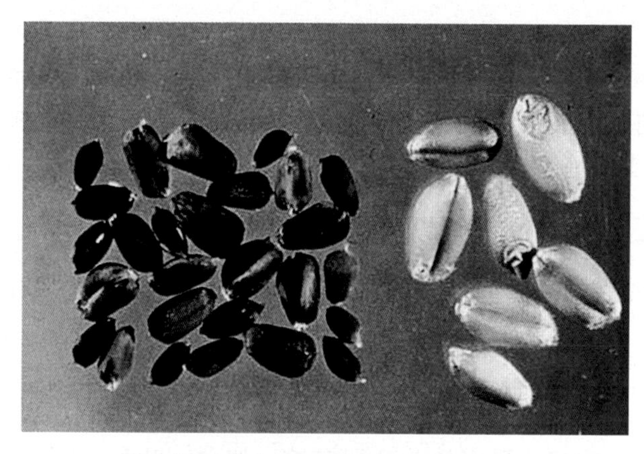

小麦粒线虫病病粒（左）（CIMMYT）

【病原】病原为小麦粒线虫，属植物寄生线虫。雌虫肥大卷曲成发条状，首尾较尖，大小（3~5）毫米×（0.1~05）毫米，雄虫较小，不卷曲，大小（1.9~25）毫米×（0.07~0.1）毫米。卵产于绿色虫瘿内，散生，长椭圆形，大小（73~140）微米×（33~63）微米，1龄幼虫盘曲在卵壳内，2龄幼虫针状，头部钝圆，尾部细尖，前期在绿瘿内活动，后期则在褐色虫瘿内休眠。

【防治方法】

（1）加强检验，防止带有虫瘿种子远距离传播。

（2）建立无病留种制度，设立无病种子田，种植可靠无病种子。

（3）清除麦种中虫瘿，清水选麦种倒入清水中迅速搅动，虫瘿上浮就捞出，可汰除95%虫瘿。整个操作争取在10分钟内完成，防止虫瘿吸水下沉。选用20%盐水汰除虫瘿较清水彻底，但事后要用清水洗种子。硫酸铵液选法用26%硫酸铵液汰洗即可。

（4）实行3年以上轮作，防止虫瘿混入粪肥，施用充分腐熟有机肥。

（5）药剂处理种子。用50%甲基异柳磷，按种子量0.2%拌闷种子。每100千克种子用药200克对水20千克，混匀后，堆50厘米厚，闷种4小时，即可播种。

（6）药剂防治。用15%涕灭威颗粒剂每亩37.5~100克或10%克线磷200克、3%万强颗粒剂150克。

第二节　小麦虫害防治技术图谱

一、麦长管蚜

麦长管蚜分布在全国各产麦区。寄主有小麦、大麦、燕麦，南方偶见为害水稻、玉米、甘蔗等。

麦长管蚜为害小麦穗

【为害状】吸食叶片、茎秆和嫩穗的汁液，影响小麦正常发育，严重时常导致生长停滞。同时，其刺吸式口器刺入叶片时也会产生伤口，传播多种病毒，如黄矮病。小麦抽穗扬花期，蚜虫发生面积迅速扩大，虫口密度急剧上升，形成小麦“穗蚜”，叶片发黄，减少穗粒数，降低千粒重。

麦长管蚜开始繁殖

麦长管蚜田间为害麦穗

【形态特征】 无翅孤雌蚜体长 3.1 毫米，宽 1.4 毫米，长卵形，草绿色至橙红色，头部略显灰色，腹侧具灰绿色斑。触角、喙端节、跗节、腹管黑色。尾片色浅。腹部第 6～8 节及腹面具横网纹，无缘瘤。中胸腹岔具短柄。额瘤显著外倾。触角细长，全长不及体长，第 3 节基部具 1～4 个次生感觉圈。腹管长圆筒形，长为体长的 1/4，在端部有网纹十几行。尾片长圆锥形，长

麦长管蚜有翅蚜和无翅蚜

麦长管蚜有翅蚜

为腹管的1/2，有6~8根曲毛。有翅孤雌蚜体长3.0毫米，椭圆形，绿色，触角黑色，第三节有8~12个感觉圈排成一行。

【生活习性】一年发生20~30代，在多数地区以无翅孤雌成蚜和若蚜在麦株根际或四周土块缝隙中越冬，有的可在背风向阳的麦田的麦叶上继续生活。该虫在我国中部和南部属不全周期型，即全年进行孤雌生殖不产生性蚜世代，夏季高温季节

麦长管蚜红色型

在山区或高海拔的阴凉地区麦类自生苗或禾本科杂草上生活。在麦田春、秋两季出现两个高峰，夏季和冬季蚜量少。秋季冬麦出苗后从夏寄主上迁入麦田进行短暂的繁殖，出现小高峰，为害不重。11 月中下旬后，随气温下降开始越冬。春季返青后，气温高于 6℃开始繁殖，低于 15℃繁殖率不高，气温高于 16℃，麦苗抽穗时转移至穗部，虫田数量迅速上升，直到灌浆和乳熟期蚜量达高峰，气温高于 22℃，产生大量有翅蚜，迁飞到冷凉地带越夏。

该蚜在北方春麦区或早播冬麦区常产生孤雌胎生世代和两性卵生世代，世代交替。在这个地区多于 9 月迁入冬麦田，10 月上旬均温 14~16℃进入发生盛期，9 月底出现性蚜，10 月中旬开始产卵，11 月中旬均温 4℃进入产卵盛期并以此卵越冬。翌年 3 月中旬进入越冬卵孵化盛期，历时 1 个月，春季先在冬小麦上为害，4 月中旬开始迁移到春麦上，无论春麦还是冬麦，到了穗期即进入为害高峰期。6 月中旬又产生有翅蚜，迁飞到冷凉地区越夏。

【防治方法】

（1）生物防治。充分利用瓢虫、食蚜蝇、草蛉、蚜茧蜂等天敌，据测定七星瓢虫成虫，日食蚜 100 头以上，要注意改进施药技术，选用对天敌安全的选择性药剂，减少用药次数和数量，保护天敌免受伤害。当天敌与麦蚜比小于 1∶150（蚜虫小于 150 头/百株）时，可不用药防治。必要时可人工繁殖释放或助迁天敌，使其有效地控制蚜虫。当天敌不能控制麦蚜时再选用 0.2%苦参碱（克蚜素）水剂 400 倍液或杀蚜霉素（孢子含量 200 万个/毫升）250 倍液，杀蚜效果 90%左右，且能保护天敌。

（2）药剂防治。当孕穗期有蚜株率达 50%，百株平均蚜量 200~250 头或灌浆初期有蚜株率 70%，百株平均蚜量 500 头时即应进行防治。每亩用 3%啶虫脒乳油 2 500~3 000 倍液喷雾，或在蚜虫发生的中后期用 10%吡虫啉可湿性粉剂1 500~2 000 倍液，或用 50%抗蚜威可湿性粉剂 2 000 倍液喷雾防治，以上药剂对蚜虫天敌基本无害。有小麦白粉病、锈病发生的麦田，在防麦蚜药中加入三唑酮或甲基硫菌灵，可兼治小麦白粉病、锈病等。

二、麦二叉蚜

麦二叉蚜俗称油虫、腻虫、蜜虫，属同翅目，蚜科。分布全国各地，以华北、西北等地区发生较重。寄主有小麦、大麦、燕麦、高粱、水稻、狗尾草、莎草等禾本科植物。

【为害状】在麦类叶片正、反两面或基部叶鞘内外吸食汁液，致麦苗黄枯或伏地不能拔节，喜在作物苗期为害，被害部形成枯斑，其他蚜虫无此症状。受害严重的麦株不能正常抽穗，直接影响产量，此外还可传带小麦黄矮病。

【形态特征】无翅孤雌蚜体长 2.0 毫米，卵圆形，淡绿色，背中线深绿色，腹管浅绿色，顶端黑色。中胸腹岔具短柄。额瘤较中额瘤高。触角 6 节，全长超过体之半，喙超过中足基节，端节粗短，长为基宽的 1.6 倍。腹管长圆筒形，尾片长圆锥形。有翅孤雌蚜体长 1.8 毫米，长卵形。活时绿色，背中线深绿色。头、胸黑色，腹部色浅。触角黑色共 6 节，全长超过体之半。触角第三节具 4~10 个小圆形次生感觉圈，排成一列。前翅中脉

瓢虫幼虫捕食麦穗蚜

食蚜蝇幼虫捕食麦蚜

二叉状。

【生活习性】 麦二叉蚜生活习性与长管蚜相似，年发生20~30代，具体代数因地而异。冬春麦混种区和早播冬麦田种群消长动态：秋苗出土后开始迁入麦田繁殖，3叶期至分蘖期出现一个小高峰，进入11月上旬以卵在冬麦田残茬上越冬。翌年3月

食蚜蝇幼虫捕食麦长管蚜

麦二叉蚜个体（放大）

上中旬越冬卵孵化，在冬麦上繁殖几代后，有的以无翅胎生雌蚜继续繁殖，有的产生有翅胎生蚜在冬麦田繁殖扩展，4 月中旬有些迁入到春麦上，5 月上中旬大量繁殖，出现为害高峰期，并可引起黄矮病流行。麦二叉蚜在 10～30℃发育速度与温度正相关，以下存活率低，22℃胎生繁殖快，30℃生长发育最快，42℃迅速死亡。该蚜虫在适宜条件下，繁殖力强，发育历期短，

麦二叉蚜为害处形成枯斑

麦蚜天敌瓢虫卵

在小麦拔节、孕穗期，虫口密度迅速上升，常在 15~20 天，百株蚜量可达万头以上。

【防治方法】 防治麦二叉蚜要抓好秋苗期、返青和拔节期的防治；而麦长管蚜以扬花末期防治最佳。其他可参考麦长管蚜。

三、禾谷缢管蚜

禾谷溢管蚜属同翅目，蚜科，别名粟溢管蚜、小米蚜、麦缢管蚜、禾谷缢管蚜。分布全国各地。第一寄主桃、李、榆叶梅；第二寄主小麦、大麦、水稻、高粱、玉米及禾本科杂草。

【为害状】以成虫、若虫吸食叶片、茎秆和嫩穗的汁液，不仅影响植株正常生长，还会传播病毒病。禾谷缢管蚜喜湿怕光，故多分布在植株下部叶鞘和叶背，甚至在根茎部为害。

禾谷缢管蚜为害状

【形态特征】禾谷缢管蚜的无翅成蚜体形卵圆形，体长 1.9 毫米。腹部橄榄绿色至黑绿色，杂有黄绿色纹。腹管圆筒形，基部周围有淡褐色或铁锈色斑，末中部稍粗壮，近顶端部呈瓶口状缢缩。尾片上有毛 4 根，有翅蚜翅中脉分支 2 次。触角第三节长 0.48 毫米，有感觉圈 19~28 个。卵长卵形，刚产出的卵淡黄色，逐渐加深，5 天左右即呈黑色。干母、无翅雌蚜和雌性蚜，外部形态基本相同，只是雌性蚜在腹部末端可看出产卵管。雄性蚜和有翅胎生蚜外部形态亦相似，除具性器外，一般个体

禾谷缢管蚜在小麦下方为害

禾谷缢管蚜在小麦叶片上

稍小。

【生活习性】每年发生 10 余代至 20 代以上。在北方寒冷地区，禾谷缢管蚜以卵在桃、李、杏、梅等李属植物上越冬。翌年春季越冬卵孵化后，先在树木上繁殖几代，再迁飞到小麦、玉米等禾本科植物上繁殖为害。秋后产生雌雄性蚜，交配后在

禾谷缢管蚜为害小麦茎秆

麦蚜被寄生蜂寄生

李属树木上产卵越冬。

在冬麦区或冬麦、春麦混种区，以无翅孤雌成蚜和若蚜在冬麦上或禾本科杂草上越冬。冬季天气较温暖时，仍可在麦苗上活动。春季主要为害小麦，麦收后转移到玉米、谷子、自生

禾谷缢管蚜有翅蚜

禾谷缢管蚜有翅蚜（放大）

麦苗上，夏、秋季持续为害，秋后迁往麦田或草丛中越冬。冬季潜伏在麦苗根部、近地面的叶鞘中、杂草根部或土缝内。

禾谷缢管蚜在温度30℃上下发育最快，较耐高温，畏光喜湿，不耐干旱。

禾谷缢管蚜群体

禾谷缢管蚜（深绿色）与麦长管蚜（浅绿色）

【防治方法】

（1）农业防治。消除田埂、地边杂草，减少蚜虫越冬和繁殖场所。

（2）药剂防治。可选用抗蚜威、吡虫啉、扑虱蚜、马拉硫磷、乐果、溴氰菊酯、高效氯氰菊酯、S-氰戊菊酯、噻虫·高氯氟、毒死蜱或其他药剂防治。要搞好麦田的防治工作，减少向玉米田转移的虫口数量。

四、麦双尾蚜

麦双尾蚜又称俄罗斯麦蚜，属同翅目，蚜科。在我国目前只发生在新疆部分地区，一般年份可造成小麦产量损失35%~60%，受害株千粒重仅为正常株的20%。此外，辽河、黄河、淮河、海河流域都是该虫适生区。国外主要分布在乌克兰、中亚、北非、东欧、尼泊尔、南非、墨西哥、美国、加拿大，麦双尾蚜是世界性麦类害虫，也是国内检疫对象。

麦双尾蚜（放大）

【为害状】为害麦类时，致旗叶纵卷，不能正常抽穗。具有发生期早（小麦拔节期）、隐蔽为害（卷曲心叶形成虫瘿）、减产幅度大等特点。

【形态特征】无翅孤雌蚜体长1.59毫米，宽0.6毫米，体浅绿色。中胸腹岔无柄至两臂断开。触角长0.74毫米。腹管长不及

麦双尾蚜为害状

麦双尾蚜引起卷叶

基宽。第八腹节背片中央具上尾片，长为尾片的0.55倍。有翅孤雌蚜体长2.46毫米，宽0.82毫米。角虫角长0.74毫米。

【生活习性】年生11代，在寒冷麦区营全周期生活。秋末冬初产生雌性蚜和雄蚜，交配后把卵产在麦类或禾本科杂草上，翌春卵孵化，在上述寄主上孤雌生殖3个世代，一二代为无翅型，三四代部分为有翅型，向外迁飞或为害到麦收。在温暖地区营不全周期孤雌生殖。

【防治方法】

（1）及早进行除草，减少虫口密度。

（2）点片发生时（麦埂两边发生）进行防治，控制蔓延。

（3）加强田间管理，及时施肥浇水促进生长。

（4）保护天敌发挥作用，保护瓢虫、草蛉、食蚜蝇等天敌，利用天敌控制蚜虫。

（5）化学防治。达到防治指标时（百株蚜量>500头，有蚜株率>30%）选用对天敌影响较小的农药进行化学防治。可采用10%吡虫啉1 500~2 000倍液喷雾防治。

五、麦无网长管蚜

麦无网长管蚜属同翅目蚜科。

【为害状】麦无网长管蚜以为害叶片为主。小麦出苗至分蘖期，蚜虫群集在嫩叶的背面、叶鞘和心叶上，用刺吸式口器吸

麦无网长管蚜为害状

麦无网长管蚜有翅蚜

取汁液。

【形态特征】麦无网长管蚜的无翅成蚜体形呈长椭圆形，体长 2.5 毫米。腹部蜡白色至淡赤色。腹管长圆筒形，淡色至绿色，端部无网状纹。尾片有毛 7~9 根，有翅蚜翅中脉分支 2 次。触角第三节长 0.52 毫米，有感觉圈 10 个以上。

【生活习性】麦蚜在适宜的环境条件下，都以无翅型孤雌胎生若蚜生活。在营养不足、环境恶化或虫群密度大时，则产生有翅型迁飞扩散，但仍行孤雌胎生，只是在寒冷地区秋季才产生有性雌雄蚜交尾产卵。来春卵孵化为干母，继续产生无翅型或有翅型蚜虫。

麦蚜以无翅孤雌胎生雌蚜繁殖为主，有翅孤雌胎生雌蚜迁飞扩散。在温暖地区可全年孤雌生殖，不发生性蚜世代，表现为不全生活周期型。在北方寒冷地区，有性蚜世代，为全生活周期型。年均可发生 10~20 代。

【防治方法】

（1）调整作物布局。在华北地区提倡冬麦和油菜、绿肥（苕子）间作，对保护利用麦蚜天敌资源、控制蚜害有较好的效果。

（2）保护利用自然天敌。要注意改进施药技术，选用对天敌安全的选择性药剂，减少用药次数和数量，保护天敌免受伤害。当天敌与麦蚜比小于 1∶150（蚜虫小于 150 头/百株）时，可不用药防治。

（3）药剂防治。主要是防治穗期麦蚜。首先是查清虫情，在冬麦拔节、春麦出苗后，每 3~5 天到麦田随机取 50~100 株（麦蚜量大时可减少株数）调查蚜量和天敌数量，当百株（茎）蚜量超过 500 头，天敌与蚜虫比在 1∶150 以上时，即需防治。可用 50%抗蚜威可湿性粉剂 4 000 倍液、10%吡虫啉 1000 倍、50%辛硫磷乳油 2 000 倍对水喷雾。在穗期防治时应考虑兼治小麦锈病和白粉病及黏虫等，每亩可用粉锈宁 6 克加抗蚜威 6 克加灭幼脲 2 克（三者均指有效成分）混用，对上述病虫综合防效可达 85%~90%。

六、麦圆蜘蛛

麦圆蜘蛛俗称“火龙”，蜱螨目，叶爪螨科。分布在中国 29°N~37°N 地区如河南、河北、山东、山西、内蒙古自治区等省（自治区）。为害小麦、大麦、豌豆、蚕豆、油菜、紫云英等。

【为害状】以成虫、若虫吸食麦叶汁液，受害叶上出现细小白点，后麦叶变黄，麦株生育不良，植株矮小，严重的全株干枯。

【形态特征】成虫体长 0.6~0.98 毫米，宽 0.43~0.65 毫米，卵圆形，黑褐色。4 对足，第一对长，第四对居二，2 对、3 对等长。卵长 0.2 毫米左右，椭圆形，初暗褐色，后变浅红色。若螨共 4 龄。1 龄称幼螨，3 对足，初浅红色，后变草绿色至黑褐色。2 龄、3 龄、4 龄若螨 4 对足，体似成螨。

【生活习性】麦圆蜘蛛年生 2~3 代，即春季繁殖 1 代，秋季 1~2 代，完成 1 个世代 46~80 天，以成虫或卵及若虫越冬。冬

小麦圆蜘蛛为害叶片

小麦圆蜘蛛为害叶片显银白色失绿斑点

季几乎不休眠，耐寒力强，翌春 2~3 月越冬螨陆续孵化为害。3 月中下旬至 4 月上旬虫口数量大，4 月下旬大部分死亡，成虫把卵产在麦茬或土块土，10 月越夏卵孵化，为害秋播麦苗。多进

小麦圆蜘蛛为害叶片有银白色失绿斑点

麦圆红蜘蛛

行孤雌生殖，每雌产卵20多粒；春季多把卵产在小麦分蘖丛或土块上，秋季多产在须根或土块上，多聚集成堆，每堆数十粒，卵期20~90天，越夏卵期4~5个月。生长发育适温8~15℃，相对湿度高于70%，水浇地易发生。江苏早春降水是影响该蜘蛛年度间发生程度的关键因素。

麦圆蜘蛛在小麦叶片为害状

麦圆蜘蛛体型和麦长腿蜘蛛这两种麦蜘蛛生活习性有很大差别，麦圆蜘蛛体型比麦长腿蜘蛛要大。麦长腿蜘蛛最适宜繁殖气温为15~20℃，此虫喜干旱，春季干旱少雨时，发生重。麦长腿蜘蛛一般在8：00—18：00在麦株上活动，以15：00—16：00数量最大，冬季遇温暖天气，越冬成虫仍可出来活动。而麦圆蜘蛛则喜阴，怕强光，其生育适温8~15℃，一日内活动为害时间为6：00—8：00和18：00—22：00。气温超过20℃以上时大量死亡。相对湿度70%以上，表土含水量20%左右，最适其繁殖为害，因此，多发生于低湿地，干旱麦田发生较轻。两种麦蜘蛛各自不同的习性，在常年小麦生育期降水量较少的地方，一般麦圆蜘蛛发生较轻，麦长腿蜘蛛发生较重。麦田积雪覆盖时间较长，麦田表土层长时间保持在较高的水分状况，这为麦圆蜘蛛的大量繁殖创造了适宜的条件。

【防治方法】

（1）因地制宜进行轮作倒茬，麦收后及时浅耕灭茬；冬春进行灌溉，可破坏其适生环境，减轻为害。

（2）虫口数量大时喷洒40%氧化乐果乳油或40%乐果乳油1 500倍液，每亩喷对好的药液75千克。也可选用波美0.3~0.5度石硫合剂或50%硫悬浮剂，每亩用200~400克对水50~75千克喷雾，可有效地防治麦蜘蛛，同时，还可兼治白粉病和锈病。还可喷洒15%哒螨灵乳油2 000~3 000倍液，持效期10~15天。

七、麦长腿蜘蛛

麦长腿蜘蛛又名麦岩螨，别名红蜘蛛、火龙、红旱、麦虱子，分布在34°N~43°N地区，主害区在长城以南、黄河以北干旱、高燥麦区，如河南、河北、山东、山西、内蒙古自治区等省、自治区等省区。

【为害状】以成虫、若虫吸食麦叶汁液，受害叶上出现细小白点，后麦叶变黄，麦株生育不良，植株矮小，严重的全株叶卷、干枯。

小麦长腿蜘蛛若螨

小麦长腿蜘蛛为害

小麦长腿蜘蛛为害出现失绿中心

【形态特征】成虫体长0.62~0.85毫米，体纺锤形，两端较尖，紫红色至褐绿色。4对足，其中，1对、4对特别长。卵有2型：越夏卵圆柱形，长0.18毫米，卵壳表面有白色蜡质，顶

小麦长腿蜘蛛为害状

小麦长腿蜘蛛为害穗部

部覆有白色蜡质物，似草帽状，卵顶具放射形条纹；非越夏卵球形，粉红色，长 0.15 毫米，表面生数十条隆起条纹。若虫共 3 龄。

小麦长腿蜘蛛为害失绿斑点状

小麦长腿蜘蛛为害第一对足特长状

1 龄称幼螨，3 对足，初为鲜红色，吸食后为黑褐色，2~3 龄有 4 对足，体形似成螨。

【生活习性】 麦长腿蜘蛛年生 3~4 代，以成虫和卵越冬，翌春 2—3 月成虫开始繁殖，越冬卵开始孵化，4—5 月田间虫量多，5 月中下旬后成虫产卵越夏，10 月上中旬越夏卵孵化，为害麦苗。完成一个世代需 24～46 天。多行孤雌生殖。把卵产在麦田中硬土块或小石块及秸秆或粪块上，成虫、若虫亦群集，有假死性，主要发生在旱地麦田里。麦长腿蜘蛛在干旱麦田种群动态规律性较强，可划分为点片侵入、低温抑制、回升、突增和突衰 5 个特征期。

小麦长腿蜘蛛苗期为害

小麦长腿蜘蛛严重为害状叶片枯黄卷叶

小麦长腿蜘蛛雌成螨与红色幼螨

【防治方法】

（1）及时发现，争取早治，消灭点片时期，方能控制蔓延。一般在返青至抽穗前米单行600头时进行防治。

（2）结合麦田灌水消灭麦长腿蜘蛛，晚22：00后灌水效果最好。

（3）农药药剂防治，用15%哒螨酮或1.8%阿维菌素3 000倍喷雾。

八、麦黄吸浆虫

麦黄吸浆虫属双翅目瘿蚊科。麦黄吸浆虫主要分布在山西、内蒙古、河南、湖北、陕西、四川、甘肃、青海、宁夏回族自治区等高纬度地区。

【为害状】以幼虫为害花器、子实或麦粒，幼虫埋伏在颖壳内吸食正在灌浆的麦粒汁液，造成秕粒、空壳。

【形态特征】雌成虫体长2毫米左右，体鲜黄色，产卵器伸出时与体等长。雄虫体长1.5毫米，腹部末端的抱握器基节内缘无齿。卵长0.29毫米，香蕉形。幼虫体长2~2.5毫米，黄绿色，体表光滑，前胸腹面有剑骨片，剑骨片前端呈弧形浅裂，腹末端生突起2个。蛹鲜黄色，头端有1对较长毛。

麦黄吸浆虫幼虫为害状

麦黄吸浆虫成虫

【生活习性】麦黄吸浆虫年生1代，成虫发生较麦红吸浆虫稍早，雌虫把卵产在初抽出的麦穗上内、外颖之间，幼虫孵化后为害花器，以后吸食灌浆的麦粒，老熟幼虫离开麦穗时间早，在土壤中耐湿、耐旱能力低于麦红吸浆虫。其他习性与麦红吸浆虫近似。

【防治方法】参考麦红吸浆虫。

九、麦红吸浆虫

麦红吸浆虫属双翅目，瘿蚊科。麦红吸浆虫主要分布在43°N以南及27°N以北，由100°E至东海沿岸范围的渭河、淮河、黄河、海河、卫河、白河、伊洛沁河、沙河、汉水、长江流域。麦红吸浆虫主要发生在北方麦区。

【为害状】麦红吸浆虫以幼虫为害花器、籽实或麦粒，幼虫埋伏在颖壳内吸食正在灌浆的麦粒汁液，造成秕粒、空壳。

【形态特征】雌成虫体长2~2.5毫米，翅展5毫米左右，体橘红色。复眼大，黑色。前翅透明，有4条发达翅脉。卵长0.09毫米，长圆形，浅红色。幼虫体长2~3毫米，椭圆形，橙黄色，头小，无足，蛆形；前胸腹面有一个“Y”形剑骨片，前端分叉，凹陷深。蛹长2毫米，裸蛹，橙褐色，头前方具白色短毛2根和长呼吸管1对。

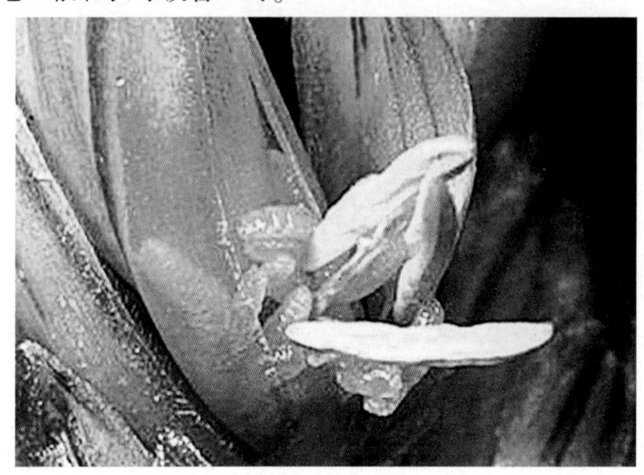

麦黄吸浆虫幼虫

麦黄吸浆虫成虫

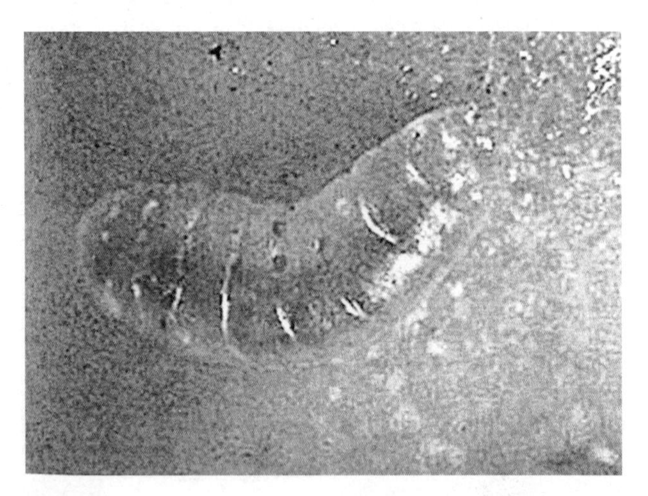

麦红吸浆虫幼虫

【生活习性】麦红吸浆虫年生 1 代或多年完成 1 代，以末龄幼虫在土壤中结圆茧越夏或越冬。翌年当地下 10 厘米处地温高于 10℃时，小麦进入拔节阶段，越冬幼虫破茧上升到表土层，

麦红吸浆虫为害的麦粒状

10 厘米地温达到 15℃左右，小麦孕穗时，再结茧化蛹，蛹期 8~10 天，10 厘米地温 20℃上下，小麦开始抽穗，麦红吸浆虫开始羽化出土，当天交配后把卵产在未扬花的麦穗上，各地成虫羽化期与小麦进入抽穗期一致。该虫畏光，中午多潜伏在麦株；下部丛间，多在早、晚活动，卵多聚产在护颖与外颖、穗轴与小穗柄等处，每雌产卵 60~70 粒，成虫寿命 30 多天，卵期 5~7 天，初孵幼虫从内外颖缝隙处钻入麦壳中，附在子房或刚灌浆的麦粒上为害 15~20 天，经 2 次蜕皮，幼虫短缩变硬，开始在麦壳里蛰伏，抵御干热天气，这时小麦已进入蜡熟期。遇有湿度大或雨露时，苏醒后再蜕一层皮爬出颖外，弹落在地上，从土缝中钻入 10 厘米处结茧越夏或越冬。该虫有多年休眠习性，遇有春旱年份有的不能破茧化蛹，有的已破茧，又能重新结茧再次休眠。

吸浆虫发生与雨水、湿度关系密切，春季 3—4 月雨水充足，利于越冬幼虫破茧上升土表、化蛹、羽化、产卵及孵化。我国冬小麦产区特别是雨养区，3—4 月的降水量成为麦红吸浆虫化蛹出土的关键因素，也是限制雨养区冬小麦麦红吸浆虫发生的主要因素。此外麦穗颖壳坚硬、扣和紧、种皮厚、籽粒灌浆迅速的品种

麦红吸浆虫幼虫

麦红吸浆虫成虫

受害轻。抽穗整齐，抽穗期与吸浆虫成虫发生盛期错开的品种，成虫产卵少或不产卵，可逃避其为害。

【防治方法】吸浆虫的防治原则是：预防在先，及时监测，蛹期重治，成虫扫残。

（1）农业防治。

①选用抗虫品种：吸浆虫耐低温而不耐高温，因此，越冬死亡率低于越夏死亡率。土壤湿度条件是越冬幼虫开始活动的重要因素，是吸浆虫化蛹和羽化的必要条件。不同小麦品种，小麦吸浆虫的为害程度不同，一般芒长多刺，口紧小穗密集，扬花期短而整齐，果皮厚的品种，对吸浆虫成虫的产卵、幼虫入侵和为害均不利。因此，要选用穗形紧密，内外颖毛长而密，麦粒皮厚，浆液不易外流的小麦品种。

②轮作倒茬：麦田连年深翻，小麦与油菜、豆类、棉花和水稻等作物轮作，对压低虫口数量有明显的作用。在小麦吸浆虫严重田及其周围，可实行棉麦间作或改种油菜、大蒜等作物，待翌年后再种小麦，就会减轻为害。

（2）化学防治。春季要抓住两个防治时期（拔节期至孕穗期的蛹期防治、抽穗期的成虫补治），在麦播期实施土壤处理的基础上，春季于小麦拔节期至孕穗期即化蛹期重点施药，于成虫盛发期即小麦抽穗70%左右时，喷药补治。

①土壤处理时间：a. 小麦播种前，用50%辛硫磷乳油+新高脂膜拌种，拌匀制成毒土施用，边撒边耕，翻入土中。b. 小麦拔节期、小麦-孕穗期（蛹期）防治：土壤查虫时每取土样方（10 厘米×10 厘米×20 厘米）有 2 头蛹以上，就应该进行防治。防治方法：每亩用 5%毒死蜱粉剂 600~900 克，拌细土20~25 千克，顺麦垄均匀撒施；或用 40%辛硫磷乳油 300 毫升，对水 1~2 千克，喷在 20 千克干土上，拌匀撒施在地表，施药后应浇水，以提高防效。

②成虫期药剂防治：在小麦抽穗至扬花期，灌浆初期拔开麦垄一眼可见 2~3 头成虫时，应进行药剂防治。每亩用 40%辛硫磷乳油 65 毫升，或菊酯类药剂 25 毫升，对水 40~50 千克于傍晚喷雾，间隔 2~3 天，连喷 2~3 次，或每亩用 80%敌敌畏乳油 100~150 毫升，对水 1~2 千克喷在 20 千克麦糠或细沙土上，下午均匀撒入麦田。

十、麦黑斑潜叶蝇

麦黑斑潜叶蝇为双翅目，潜蝇科。过去是小麦上的次要害虫，常在局部区域偏轻发生，损失较小。但近年来，北京、天津、河北、山东、河南华北麦区和陕西、甘肃、宁夏回族自治区等省区市的西北麦区小麦潜叶蝇呈加重发生态势，发生面积扩大，为害程度加重，已对这些地区的小麦生产构成较大威胁。主要为害作物有小麦、燕麦、大麦等。

【为害状】主要在小麦越冬前和小麦返青后两个时期为害小麦的叶片。成虫和幼虫共同为害叶片，雌蝇有粗硬的产卵器刺破麦叶产卵，在叶片上半部留下一行行较均匀类似于条锈病淡褐色针孔状斑点，以后逐渐发展呈黄色小斑点状。卵孵化后，幼虫在麦苗叶片内上下表皮之间为害，潜食叶肉，仅剩呈透明的上下表皮，虫道较宽，潜痕呈袋状，内有黑色虫粪，被害叶片从叶尖到叶中部枯黄或呈水渍状，严重的造成小麦叶片前半段干枯，影响光合作用和正常生长及小麦壮苗越冬。

【形态特征】成虫体长 2 毫米，黄褐色。头部黄色，间额褐色，单眼三角区黑色，复眼黑褐色，具蓝色荧光。触角黄色，触角芒不具毛。胸部黄色，背面具一“凸”字形黑斑块，前方与颈部相连，后方至中胸后盾片中部，黑斑中央具“V”字形浅洼；小盾片黄色，后盾片黑褐色。翅透明浅黑褐色。平衡棍浅黄色。各足腿节黄色。腹部 5 节，背板侧缘、后缘黄色，中部灰褐色生黑色毛；产卵器圆筒形黑色。幼虫体长 2.5~3.0 毫米，乳白色，蛆状，前气门 1 对，黑色；后气门 1 对黑褐色，各具 1 短柄，分开向后突出。腹部端节下方具 1 对肉质突起，腹部各节间散布细密的微刺。蛹长 2 毫米，浅褐色，体扁，前后气门可见。

【生活习性】一年发生 1~2 代，以蛹在土中越冬，越冬代成虫产卵及为害盛期 3 月中下旬，幼虫孵化盛期在 4 月中旬，化蛹盛期在 4 月下旬。返青越早，长势越好的田块，成虫产卵

麦黑斑潜叶蝇为害麦苗叶片干枯

麦黑斑潜叶蝇为害状

为害越重。返青后，小麦 1~4 片叶被害最重，每叶被害孔数在 15~30 个，孵出幼虫 0~2 头，幼虫 10 天左右成熟，入土化蛹越冬。

麦黑潜叶蝇幼虫为害小麦叶片

麦黑潜叶蝇灌浆期为害状

【防治方法】

（1）幼虫防治。凡被害株率达15%或百株虫量达25头以上的田块，应及时开展施药防治。在幼虫初发期亩用1.8%阿维菌素乳油10克或48%毒死蜱乳油50毫升对水30千克喷雾。

麦黑斑潜叶蝇幼虫潜入叶片内为害状

麦黑斑潜叶蝇幼虫

（2）成虫防治。亩用80%敌敌畏乳油150克拌细土20千克撒施，或用2.5%溴氰菊酯2 000倍液于10：00至16：00前喷雾。

十一、麦秆蝇

麦秆蝇属昆虫纲双翅目秆蝇科，又称麦钻心虫、麦蛆，主要为害作物小麦、大麦、燕麦、碱草、白茅草等。分布北起黑龙江、内蒙古、新疆，南至贵州、云南，西达新疆、西藏。青海的海南、四川的甘孜、阿坝地区也有发生。新疆、内蒙古、宁夏以及河北、山西、陕西、甘肃部分地区为害较重。

【为害状】以幼虫钻入小麦等寄主茎内蛀食为害，初孵幼虫从叶鞘或茎节间钻入麦茎，或在幼嫩心叶及穗节基部 1/5～1/4 处呈螺旋状向下蛀食，形成枯心、白穗、烂穗，不能结实。由于幼虫蛀茎时被害茎的生育期不同，可造成下列 4 种被害状：①分蘖拔节期受害，形成站心苗。如主茎被害，则促使无效分蘖增多而丛生，群众常称之为“下退”或“坐罢”；②孕穗期受害，因嫩穗组织破坏并有寄生菌寄生而腐烂，造成烂穗；③孕穗末期受害，形成坏穗；④抽穗初期受害，形成白穗，其中，除坏穗外，在其他被害情况下，被害小麦完全无收。

【形态特征】雄成虫体长 3～3.5 毫米，雌虫 3.7～4.5 毫米，体为浅黄绿色，复眼黑色，胸部背面具 3 条黑色或深褐色纵纹，中间一条纵纹前宽后窄，直连后缘棱状部的末端，两侧的纵纹仅为中纵纹的一半或一多半，末端具分叉。触角黄色，小腮须黑色，基部黄色。足黄绿色。后足腿节膨大。卵长 1 毫米，纺锤形，白色，表面具纵纹 10 条。末龄幼虫体长 6～6.5 毫米，黄绿色或淡黄绿色，呈蛆形。蛹属围蛹，雄体长 4.3～4.7 毫米，雌 5.0～5.3 毫米，蛹壳透明，可见复眼、胸、腹部等。

【生活习性】内蒙古等春麦区年生 2 代，冬麦区年生 3～4 代，以幼虫在寄主根茎部或土缝中或杂草上越冬。春麦区翌年 5 月上中旬始见越冬代成虫，5 月底、6 月初进入发生盛期，6 月中下旬为产卵高峰期，卵经 4～7 天孵化，6 月下旬是幼虫为害盛期，为害 20 天左右。7 月上中旬化蛹，蛹期 5～10 天。第一代幼虫于 7 月中下旬麦收前大部分羽化并离开麦田，把卵产在多年生禾本科

麦秆蝇成虫

杂草上。麦秆蝇在内蒙古仅一代幼虫为害小麦，成虫羽化后把卵产在叶面基部。冬麦区 1~2 代幼虫于 4—5 月为害小麦，3 代转移到自生麦苗上，第四代转移到秋苗上为害。河南一年也有两个为害高峰期。幼虫老熟后在为害处或野生寄主上越冬。成虫有趋光性、趋化性，成虫羽化后当天交尾，白天活跃在麦株间，卵多产在 4~5 叶的麦茎上，卵散产，每雌可产卵 20 多粒，多的可达 70~80 粒。该虫产卵和幼虫孵化需较高湿度，小麦茎秆柔软、叶片较宽或毛少的品种，产卵率高，为害重。

【防治方法】

（1）加强栽培管理，做到适期早播、合理密植。加强水肥管理，促进小麦生长整齐。加快小麦前期生长发育是控制该虫的根本措施。

（2）加强麦秆蝇预测预报，冬麦区在 3 月中下旬，春麦区在 5 月中旬开始查虫，每隔 2~3 天于上午 10：00 前后在麦苗顶端扫网 200 次，当 200 网有虫 2~3 头时，约在 15 天后即为越冬代成虫羽化盛期，是第一次药剂防治适期。冬麦区平均百网有虫 25 头，急需防治。

（3）当麦秆蝇成虫已达防治指标，应马上喷撒 2.5%敌百虫粉或 1.5%乐果粉，每亩 1.5 千克。如麦秆蝇已大量产卵，及时喷洒 36%克螨蝇乳油 1 000~1 500 倍液或 80%敌敌畏乳油与 40%乐果乳油 1∶1 混合后对水 1 000 倍液或 10%吡虫啉可湿性粉剂 3 000 倍液，每亩喷对好的药液 50~75 升，把卵控制在孵化之前。

十二、麦种蝇

麦种蝇属昆虫纲双翅目花蝇科。主要为害作物有小麦、大麦、燕麦等。

麦种蝇

【形态特征】雄成虫体长 5~6 毫米，暗灰色。头银灰色，额窄，额条黑色。复眼暗褐色，在单眼三角区的前方，间距窄，几乎相接。触角黑色。胸部灰色。腹部上下扁平，狭长细瘦，较胸部色深。翅浅黄色，具细黄褐色脉纹，平衡棒黄色。足黑色。雌虫体长5~6.5毫米，灰黄色。卵长椭圆形，长1~1.2毫米，腹面略凹，背面凸起，一端尖削，另一端较平，初乳白色，后变浅黄白色，具细小纵纹。幼虫体长6~6.5毫米，蛆状，乳白色，老熟时略带黄色，头极小，口钩黑色，尾部如截断状，具7对肉质突起，第1对在第2对稍上方，第6对分叉。围蛹纺锤形，长5~6毫米，宽1.5~2毫米。初为淡黄色，后变黄褐色，两端稍带黑色，羽化前黑褐色，稍扁平，后端圆形有突起。

麦种蝇为害的麦苗

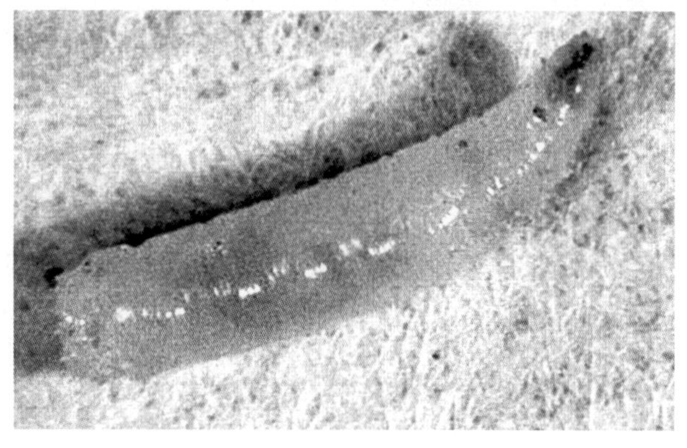

麦种蝇幼虫

麦种蝇蛹

【生活习性】甘肃庆阳年生 1 代，以卵在土内越冬。其越冬期长达 180~200 天，翌年 3 月越冬卵孵化为幼虫，初孵幼虫栖息在植株茎秆、叶及地面上，先在小麦茎基部钻一小孔，钻入茎内，头部向上，蛀食心叶组织成锯末状。幼虫耐饥力强，每头幼虫只为害一株小麦，无转株为害习性。幼虫活动为害盛期在 3 月下旬至 4 月上旬。幼虫期 30~40 天。4 月中旬幼虫爬出茎外，钻入 6~9 厘米土中化蛹，4 月下旬至 5 月上旬为化蛹盛期，蛹期 21~30 天。6 月初蛹开始羽化，6 月中旬为成虫羽化盛期，6 月下旬全都羽化，这时小麦已近成熟，成虫即迁入秋作物杂草上活动。

7—8 月为成虫活动盛期。生长稠密、枝叶繁茂、地面覆盖隐蔽及湿度大的环境中，该蝇迁入多。成虫早晨、傍晚、阴天活动，中午温度高时，多栖息荫蔽处不大活动。秋季气温低时，则中午活动，早晚不甚活动。成虫交配后，雄虫不久死亡。雌虫 9 月中旬开始产卵，卵分次散产于土壤缝隙及疏松表土下 2~3 厘米处。每雌产卵 9~48 粒，产卵后即死亡，10 月雌虫全部死亡。

【防治方法】用 50%辛硫磷乳油 1.5 千克，对水 2.5 千克，混匀后喷拌在 20 千克干土上，制成毒土，撒施。成虫发生期也可喷洒 36%克螨蝇乳油 1 000～1 500 倍液或 50%敌敌畏乳油 1 000 倍液，每亩喷对好的药液 75 升。

十三、麦叶蜂

麦叶蜂俗称齐头虫、小黏虫、青布袋虫，属昆虫纲、膜翅目、叶蜂科。主要分布于长江以北麦区。

【为害状】幼虫蚕食小麦和大麦叶片，严重为害时将麦叶吃光仅留主脉，使麦粒灌浆不饱满，产量降低。麦叶蜂主要分布在长江以北麦区，以幼虫为害麦叶，从叶边缘向内咬成缺刻，重者可将叶尖全部吃光。

麦叶蜂低龄幼虫为害

【形态特征】成虫体长 8～9 毫米，雄体略小，黑色微带蓝光，后胸两侧各有一白斑。翅透明膜质。卵为肾形扁平，淡黄色，表面光滑。幼虫共 5 龄，老熟幼虫圆筒形，胸部粗，腹部较细，胸腹各节均有横皱纹。蛹长 9.8 毫米，雄蛹略小，淡黄到棕黑色。腹部细小，末端分叉。头部有网状花纹，复眼大。雌虫尾端有刀状产卵器，卵肾状形，淡黄色。幼虫 5 龄，浅绿

麦叶蜂低龄幼虫

麦叶蜂幼虫与为害状

色，胸部突起，各节多有横皱。头深褐色，无“八”字纹，背部亦无5条纵纹。胸足3对，腹足7对，尾足1对。蛹初期黄白色，羽化前棕黑色。

麦叶蜂幼虫与黏虫常易混淆。主要区别是：麦叶蜂各体节都有皱纹，胸背向前拱，有腹足7~8对；黏虫各体节无皱纹，胸背不向前拱，有腹足4对。

【生活习性】 麦叶蜂繁殖一年一代，以蛹在土中20~24厘米深处越冬，3月中下旬羽化，成虫在麦叶主脉两侧锯成裂缝的

麦叶蜂幼虫为害状

麦叶蜂成虫

组织中产卵。4月上旬至5月上旬卵孵化，幼虫为害麦叶，1~2龄幼虫夜间在麦叶上为害，3龄后，白天躲在麦丛下土缝中，夜间出来蚕食麦叶。5月中旬老熟幼虫入土做茧休眠，8月中旬化蛹越冬。成虫和幼虫都有假死性。幼虫喜潮湿，冬季温暖，土壤湿度适宜，越冬蛹成活率高，发病就严重。

【防治方法】

（1）农业防治。播种前深耕，可把土中休眠的幼虫翻出，使其不能正常化蛹，以致死亡，有条件地区实行水旱轮作，进行稻麦倒茬，可控制为害。

（2）药剂防治。在幼虫孵化盛期，用90%敌百虫晶体1500倍液，或用40%氧化乐果乳油1 500倍液，均匀喷雾。

十四、小麦黏虫

黏虫又名行军虫、剃枝虫、五色虫，属鳞翅目，夜蛾科。全国大部分省区都有发生，主要为害麦、稻、玉米等禾谷作物及禾本科牧草，严重时吃光叶片，咬断穗茎，造成严重减产。在中国除新疆维吾尔自治区未见报道外，遍布各地。寄主于麦、稻、粟、玉米等禾谷类粮食作物及棉花、豆类、蔬菜等16科、104种以上植物。因其群聚性、迁飞性、杂食性、暴食性，成为全国性重要农业害虫。2012年8月14日，全国黏虫发生面积近5 000万亩，为害程度近10年最重。

小麦田黏虫低龄幼虫

小麦田黏虫成虫

【为害状】幼虫食叶，叶片形成缺刻或仅剩叶脉，大发生时可将叶片全部食光，咬断穗部，造成严重减产。

【形态特征】成虫体长 17~20 毫米，翅展 36~45 毫米，淡黄色或灰褐色，前翅中央有淡黄圆斑及小白点 1 个，前翅顶角有一黑色斜纹。幼虫 6 龄，体长 38 毫米，体色变化很大，从淡黄绿到黑褐色，有 5 条明显背线。头淡褐色，沿蜕裂线有一近“八”字形斑纹。

【生活习性】每年发生世代数：全国各地不一，从北至南世代数为：东北、内蒙古自治区年生 2~3 代，华北中南部 3~4 代，江苏淮河流域 4~5 代，长江流域 5~6 代，华南 6~8 代。黏虫属迁飞性害虫，其越冬分界线在北纬 33°一带。在北纬 33°以北地区任何虫态均不能越冬；在湖南、江西、浙江一带，以幼虫和蛹在稻桩、田埂杂草、绿肥田、麦田表土下等处越冬；在广东、福建南部终年繁殖，无越冬现象。北方春季出现的大量成虫系由南方迁飞所至。

成虫产卵于叶尖或嫩叶、心叶皱缝间，常使叶片成纵卷。

初孵幼虫腹足未全发育，所以，行走如尺蠖；初龄幼虫仅能啃食叶肉，使叶片呈现白色斑点；3 龄后可蚕食叶片成缺刻，5~6 龄幼虫进入暴食期。幼虫共 6 龄。老熟幼虫在根际表土1~3厘米做土室化蛹。成虫昼伏夜出，傍晚开始活动。黄昏时觅食，且发生量多时色较深。头部有明显的网状纹和“凸”形纹。体表有 5 条纵纹，背中线白色，半夜交尾产卵，黎明时寻找隐蔽场所。成虫对糖醋液趋性强，产卵趋向黄枯叶片。在麦田喜把卵产在麦株基部枯黄叶片叶尖处折缝里；在稻田多把卵产在中上部半枯黄的叶尖上，着卵枯叶纵卷成条状。每个卵块一般20~40粒，成条状或重叠，多者达 200~300 粒，每雌一生产卵 1 000~2 000 粒。初孵幼虫有群集性，1 龄、2 龄幼虫多在麦株基部叶背或分蘖叶背光处为害，3 龄后食量大增，5~6龄进入暴食阶段，食光叶片或把穗头咬断，其食量占整个幼虫期 90%左右，3 龄后的幼虫有假死性，受惊动迅速卷缩坠地，畏光，晴天白昼潜伏在麦根处土缝中，傍晚后或阴天爬到植株上为害，幼虫发生量大食料缺乏时，常成群迁移到附近地块继续为害，老熟幼虫入土化蛹。

黏虫为害穗部

小麦田黏虫幼虫

适宜该虫温度为10~25℃，相对湿度为85%。产卵适温19~22℃，适宜相对湿度为90%左右，气温低于15℃或高于25℃，产卵明显减少，气温高于35℃即不能产卵。湿度直接影响初孵幼虫存活率的高低。该虫成虫需取食花蜜补充营养，遇蜜源丰富时，产卵量高；幼虫取食禾本科植物的发育快，羽化的成虫产卵量高。成虫喜在茂密的田块产卵，生产上长势好的小麦、粟、水稻田、生长茂密的密植田及多肥、灌溉好的田块，利于该虫大发生。天敌主要有步行甲、蛙类、鸟类、寄生蜂、寄生蝇等。

【防治方法】针对黏虫繁殖速度快、短期内暴发成灾，3龄后食量暴增、抗药性增强等特性，黏虫防治应采取“控制成虫发生，减少产卵量，抓住幼虫3龄暴食为害前关键防治时期，集中连片普治重发生区，隔离防治局部高密度区，控制重发生田害虫转移为害。密切监视一般发生区，对超过防治指标的点片及时挑治”的策略。

（1）防治成虫，降低产卵。利用黏虫成虫产卵习性、趋光、趋化性，采用谷草把、糖醋液、性诱捕器、杀虫灯等诱杀成虫，以减少成虫产卵量，降低田间虫口密度。

①谷草把法。一般扎直径为 5 厘米的草把，每亩插 60~100 个，5 天换 1 次草把，换下的枯草把集中处理，以消灭黏虫成虫。

②糖醋法。取红糖 350 克、酒 150 克、醋 500 克、水 250 克、再加 90%的晶体敌百虫 15 克，制成糖醋诱液，放在田间 1 米高的地方诱杀黏虫成虫。

③性诱捕法。用配黏虫性诱芯的干式诱器，每亩 1 个插杆挂在田间，诱杀产卵成虫。

④杀虫灯法。在成虫交配产卵期，于田间安置杀虫灯，灯间距 100 米，20：00 至第二天早 5：00 开灯，诱杀成虫。

（2）防治幼虫，减轻为害。在幼虫发生初期及时喷药防治，把幼虫消灭在 3 龄之前。

①达标防治。当麦田黏虫达 2~3 龄盛期阶段，为药剂防治的有利时机。药剂防治指标：黏虫为害损失率控制在 5%的动态指标为一类麦田 25 头/平方米，二类麦田 15 头/平方米，每亩可用 50%辛硫磷乳油、80%敌敌畏乳油、40%毒死蜱乳油 75~100 克加水 50 千克或 20%灭幼脲 3 号悬浮剂或 25%氰辛乳油20~30 毫升或 4.5%高效氯氰菊酯 50 毫升加水 30 千克均匀喷雾，或用 5%甲氰菊酯乳油、5%氰戊菊酯乳油、2.5%高效氯氟氰菊酯乳油、2.5%溴氰菊酯乳油 2 000 倍液、40%氧化乐果 1 500~2 000 倍液、10%吡虫啉 2 000~2 500 倍液喷雾防治。

②早期防治。低龄幼虫期可用灭幼脲 1 号、灭幼脲 2 号或灭幼脲 3 号 1 000 倍液喷雾防治，防治黏虫幼虫效果好，且不杀伤天敌。

③注意事项。施药时间应在晴天 9：00 以前或17：00以后，若遇雨天应及时补喷，要求喷雾均匀周到、田间地头，路边的杂草都要喷到。遇虫龄较大时，要适当加大用药量。虫量特别大的田块，可以先拍打植株将黏虫抖落地面，再向地面喷药，可收到良好的效果。对侵入玉米雌穗的黏虫可采用涂抹内吸剂

药液的方法防治。施药机械可采用自走式高秆作物喷雾喷雾机、风送式喷雾机或采用烟雾机喷雾。喷雾时要穿好防护服，戴好口罩。

（3）建封锁带，防止转移。在黏虫迁移为害时，可在其转移的道路上撒 15 厘米宽的药带进行封锁；或在玉米田亩用 40% 辛硫磷乳油 75~100 克加适量水，拌沙土 30 千克制成毒土撒施进行隔离。

十五、麦田棉铃虫

麦田棉铃虫属鳞翅目夜蛾科，别名小麦穗虫、棉挑虫、钻心虫、青虫、棉铃实夜蛾等。寄主有玉米、棉花、花生、芝麻、烟、苹果、梨、柑橘、桃、葡萄、无花果。

【为害状】近年在一些栽培改制、复种面积扩大地区，棉铃虫为害有加重趋势。幼虫为害小麦，食叶成缺刻或孔洞，蛀食或咬断麦穗。

棉铃虫幼虫为害麦穗

【形态特征】见棉花棉铃虫。

【生活习性】内蒙古自治区、新疆维吾尔自治区年生 3 代，华北 4 代，长江流域以南 5~7 代，以蛹在土中越冬，翌春气温达 15℃以上时开始羽化。在冀南地区，棉铃虫越冬代成虫始见于 4 月中旬，4 月下旬（在 25—28 日）为成虫出现高峰期。4 月 21—23 日田间开始见卵，盛期在 4 月底 5 月初，卵单粒散产于麦穗护颖和穗轴上，其中，护颖上落卵约占田间总卵量的 90%。1 代成虫见于 6 月初至 7 月初，6 月中旬为盛期，7 月为 2 代幼虫为害盛期，7 月下旬进入 2 代成虫羽化和产卵盛期，4 代卵见于 8 月下旬至 9 月上旬，所孵幼虫于 10 月上中旬老熟入土化蛹越冬。第一代主要于麦类、豌豆、苜蓿等早春作物上为害，第 2 代、第 3 代为害棉花，3 代、4 代为害番茄等蔬菜。

【防治方法】

（1）搞好预测预报。我国该虫为害小麦重的产麦区，年生 4 代，个别年份可能出现发生不整齐的 5 代。1 代主要为害小麦，卵盛期在 5 月上中旬，麦田防治指标为每平方米有 2 龄幼虫 8 头或百株累计卵量 16 粒左右。

（2）麦田杨树枝把诱蛾技术：在棉铃虫羽化期间，从比较高大的杨树上选取 2 年生、长 100 厘米左右的枝条，晾至萎蔫后，每 10~15 个枝条为一把，从基部扎紧，枝头保持疏松，于傍晚插入麦田，使枝把高出小麦植株 10 厘米左右，每亩均匀插枝把 15 个。每天清晨用塑料袋或尼龙袋套住枝把，然后进行拍打，使棉铃虫掉入袋中。杨树枝把插后，在棉铃虫羽化期间必须坚持每天清晨捕捉，枝把每 7 天更换 1 次。这种方法应用面积越大效果越好，非常适于当前开展的统防统治。一家一户小面积使用的效果很差，不宜采用。若杨树枝把插后不坚持天天捕捉，反而会得到相反的结果。

（3）药剂防治。可参考棉花棉铃虫。

十六、麦穗夜蛾

麦穗夜蛾属昆虫纲鳞翅目夜蛾科。主要为害小麦、大麦、青稞、冰草、马莲草等。主要分布在甘肃、青海、内蒙古自治区等省区，是邻近干旱草原高寒山区的害虫。

【为害状】 初孵幼虫先取食穗部花器和子房，个别取食颖壳内壁幼嫩表面，食尽后转移为害，2~3 龄后在籽粒里取食潜伏，4 龄后幼虫转移至旗叶上吐丝缀连叶缘成筒状，日落后寻找麦穗取食。

【形态特征】 成虫体长 16 毫米，翅展 42 毫米左右，全体灰褐色。前翅有明显黑色基剑纹在中脉下方呈燕飞形，环状纹、肾状纹银灰色，边黑色；基线淡灰色双线，亚基线、端线浅灰色双线，锯齿状；亚端线波浪形浅灰色；前翅外缘具 7 个黑点，缘毛密生；后翅浅黄褐色。卵圆球形，直径 0.61~0.68 毫米，卵面有花纹。末龄幼虫体长 33 毫米左右，头部具浅褐黄色“八”字纹；颅侧区具浅褐色网状纹。前胸盾板、臀板上生背线和亚背线，将其分成 4 块浅褐色条斑，虫体灰黄色，背面灰褐色，腹面灰白色。蛹长 18~21.5 毫米，黄褐色或棕褐色。

麦穗夜蛾幼虫

麦穗夜蛾蛹

【生活习性】在甘肃的古浪和酒泉观察一年发生1代，以老熟幼虫在田间、地埂的表土下，多年生禾草根下越冬。麦场周围的土内或墙缝内亦有大量越冬幼虫。4月间越冬幼虫出蛰活动，4月底至5月中旬幼虫吐丝，和土黏在一起，做一薄茧在土表化蛹。预蛹期6~11天，蛹期44~55天。成虫发生于6—7月，盛期在6月中旬至7月上旬。成虫羽化后3天左右交尾，5~6天后产卵，卵期13天左右。幼虫蜕皮皮6次，共7龄，幼虫期8—9月（包括越冬期）。9月中旬老熟幼虫开始陆续在土中做土室越冬。幼虫的发育进度与禾本科植物的生育期有密切关系，大体上小麦抽穗扬花期成虫在其上产卵，灌浆期幼虫孵化，乳熟阶段幼虫为1~4龄，蜡熟期为5~6龄，黄熟收割时幼虫绝大部分进入7龄。成虫白天潜伏在麦株、草丛的下部，自黄昏开始活动，取食花粉。卵多产于第一小穗颖内侧、小穗柄上或子房，除个别单产，一般成块，每块具胶质物，黏合数粒至38粒不等，而以7~11粒者最多。

【防治方法】

（1）收割后及早拉运，及时上场脱粒，并消灭脱粒后的麦衣、残屑等内的幼虫。收割后耕翻土地并用农药处理垛底土壤，集中消灭越冬前幼虫。清洁打麦场，放鸡啄食逸散的越冬幼虫。

（2）黑光灯诱杀成虫。

麦穗夜蛾

（3）药剂防治。幼虫用80%敌敌畏或90%敌百虫1 000~2 000倍液，在4龄前喷洒。

十七、麦田金针虫

金针虫是叩头虫科幼虫的统称，主要有沟金针虫、细胸金针虫、褐纹金针虫3种，为多食性地下害虫，常为害小麦、玉米等多种作物的幼芽和幼苗，能咬断刚出土的幼苗，也可钻入较大的玉米苗根茎部取食为害，造成缺苗断垄。

【为害状】幼虫可咬断刚出土的小麦幼苗，也可进入已长大的幼苗根里取食为害，被害处不完全咬断，断口不整齐。小麦抽穗以后金针虫幼虫还能钻蛀到小麦根部节间内，蛀食根节维管组织，导致被害株干枯死亡。成虫喜啃食小麦苗的叶片边缘或叶片中部叶肉，残留相对一面的叶表皮和纤维状叶脉，呈不规则残缺破损。成虫喜吮吸折断小麦茎秆中流出的汁液。

【生活习性】金针虫每3年完成1代，以成虫及不同龄期幼虫越冬。土壤温度平均在10~15℃时活动为害最盛，此时也是防治的关键时机，土壤温度上升到20℃时，则向下移动，不再

金针虫幼虫

金针虫为害小麦植株枯萎变黄

为害，冬季潜伏于深层土壤之中越冬。越冬幼虫早春即上升活动为害，10 厘米土温在 7～12℃时是金针虫幼虫为害盛期，超过 17℃停止为害。细胸锥尾金针虫适宜在较低温度下生活，越冬潜伏土层浅，早春回升为害早，秋后也较耐低温，入蛰期迟。因此，一年内为害期长。对小麦一年两度为害（秋后苗期及早春返青期)，而以早春为害严重。金针虫喜湿润环境，在干旱土壤里为害很轻。细胸锥尾金针虫不耐土壤干燥环境，其适宜的土壤含水量为20%~25%。

精耕细作地区一般发生较轻。麦收后及时伏耕，可加重机械损伤，破坏蛹室及蛰后成虫的土室，并可将部分成虫、幼虫、蛹翻至地表，使其遭受不良气候影响和天敌的杀害，增加死亡率。而耕作粗放地区或者是间作套种面积较大地区及荒地、杂草丛生的地段金针虫为害较重。耕翻机会少，滋生的金针虫各虫态能比较安全地完成生活史，这些地方金针虫普遍发生较重。

金针虫成虫在麦穗上

【防治方法】金针虫幼虫长期在土壤中栖息为害，防治较为困难。根据金针虫的发生规律及田间管理特点，以农业防治为基础，化学防治为主要手段，采取成虫防治与幼虫防治相结合，播种期防治和生长期防治相结合，人工诱杀与药剂治虫相结合的措施，可起到标本兼治的效果。

（1）农业技术措施。

①精细整地，粗耕细耙，杀伤虫源；有条件的地方也可轮作倒茬或水旱轮作。

金针虫为害麦苗根部

②浇水可减轻金针虫为害。当土壤湿度达到35%~40%时，金针虫即停止为害，下潜到15~30厘米深的土层中。在早春小麦拔节后，气温回升，金针虫开始活动并为害小麦的基部节间，此时也适逢小麦生长需水时期，因此，及时进行浇水，可起到既防虫又促进小麦高产的效果。

（2）化学药剂防治。每平方米平均有虫3头以上时就要防治。

①药剂拌种。可用50%辛硫磷乳油500毫升或40%甲基异柳磷乳油500毫升，对水20升拌麦种200千克；313克/升苯醚·咯·噻虫嗪17.3~51.8毫升/10千克种子。

②毒土、毒饵治虫。毒土可用20%甲基异柳磷乳油0.2千克拌细土25千克，播前撒入土壤；施毒饵可用75千克麦麸炒香后加水35~40千克拌90%敌百虫0.5千克，每亩用量1.5~2千克，在黄昏时撒在田间麦行，利用地下害虫昼伏夜出的习性，将其处理。

③灌根。冬前小麦因金针虫为害造成死苗时，要及早进行灌根，防止为害的蔓延。可用40%辛硫磷100~150毫升对水50~75千克灌根。对于出现为害的地段要适当增加灌根面积，提高防治效果。

十八、麦田蛴螬

麦田蛴螬在部分地区为害较重，常年缺苗率在10%~20%，严重地块甚至翻耕重种，麦田蛴螬共有20多种，其优势种为暗黑蛴螬、大黑蛴螬和铜绿蛴螬。

【为害状】幼虫终生栖居土中，喜食刚刚播下的种子、根、块根、块茎以及幼苗等，造成缺苗断垄。成虫则喜食害果树、林木的叶和花器，是一类分布广，为害重的害虫。

蛴螬为害小麦植株

【形态特征】蛴螬体肥大弯曲呈 C 形，体大多白色，有的黄白色。体壁较柔软，多皱。体表疏生细毛。头大而圆，多为黄褐色，或红褐色，生有左右对称的刚毛，常为分种的特征。胸足 3 对，一般后足较长。腹部 10 节，第十节称为臀节，其上生有刺毛，其数目和排列也是分种的重要特征。

蛴螬为害小麦植株枯黄

【生活习性】蛴螬年生代数因种、因地而异这是一类生活史较长的昆虫，一般 1 年 1 代或 2~3 年 1 代，长者 5~6 年 1 代。蛴螬共 3 龄。1 龄、2 龄期较短，第 3 龄期最长。蛴螬终生栖生土中，其活动主要与土壤的理化特性和温湿度等有关。在一年中活动最适的土温平均为 13~18℃，高于 23℃，即逐渐向深土层转移，至秋季土温下降到其活动适宜范围时，再移向土壤上层。因此，蛴螬对果园苗圃、幼苗及其他作物的为害主要是春秋两季最重。

【防治方法】

（1）应抓好蛴螬的防治，如大面积秋、春耕，并随犁拾虫；避免施用未腐熟的厩肥，减少成虫产卵；合理灌溉，即在蛴螬发生严重地块，合理控制灌溉或及时灌溉，促使蛴螬向土层深处转移，避开幼苗最易受害时期。

（2）药剂处理土壤。如用50%辛硫磷乳油每亩200~250克，加水10倍，喷于25~30千克细土上拌匀成毒土，顺垄条施，随即浅锄或以同样用量的毒土撒于种沟或地面，随即耕翻或混入厩肥中施用，或结合灌水施入，或用2%甲基异柳磷粉2~3千克，1亩拌细土25~30千克成毒土，或用3%甲基异柳磷颗粒剂，或用5%辛硫磷颗粒剂，每亩2.5~3千克处理土壤，都能收到良好效果，并兼治金针虫和蝼蛄。

（3）药剂处理种子。当前用于拌种用的药剂主要有50%辛硫磷，其用量一般为药剂：水：种子为1：（30~40）：（400~500）；也可用25%辛硫磷胶囊剂等有机磷药剂。或用种子重量2%的35%克百威种衣剂拌种。亦能兼治金针虫和蝼蛄等地下害虫。

（4）毒谷。每亩用辛硫磷胶囊剂150~200克拌谷子等饵料5千克左右，辛硫磷乳油50~100克拌饵料3~4千克，撒于种沟中，兼治蝼蛄、金针虫等地下害虫。

十九、小麦皮蓟马

小麦皮蓟马属缨翅目管蓟马科。

【为害状】小麦皮蓟马为害小麦花器，灌浆乳熟时吸食麦粒浆液，使麦粒灌浆不饱满。严重时麦粒空秕。还可为害麦穗的护颖和外颖，颖片受害后皱缩，枯萎，发黄，发白或呈黑褐斑，被害部极易受病菌侵害，造成霉烂、腐败。

【形态特征】成虫黑褐色，体长1.5~2毫米，翅2对，边缘均有长缨毛，腹部末端延长成管状，叫做尾管。卵乳黄色，长椭圆形，初产白色。若虫无翅，初孵淡黄色，后变橙红色，触

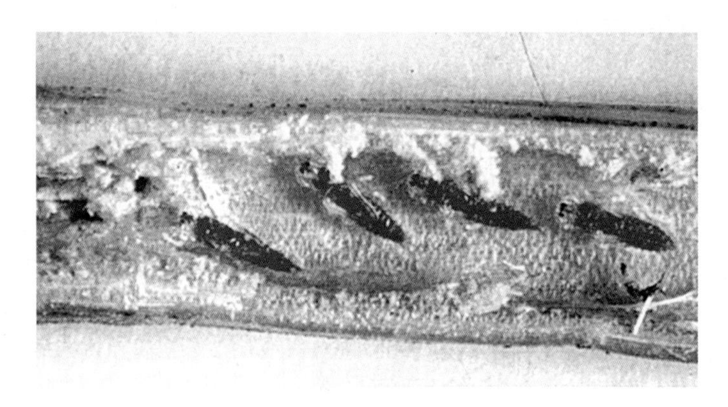

小麦皮蓟马蛹

角及尾管黑色。蛹前蛹及伪蛹体长均比若虫短，淡红色，四周生有白毛。

【生活习性】小麦皮蓟马1年发生1代，以若虫在麦茬、麦根及晒场地下10厘米左右处越冬，日平均温度8℃时开始活动，约5月中旬进入化蛹盛期，5月中下旬开始羽化成虫，6月上旬为羽化盛期，羽化后大批成虫飞至麦株，在上部叶片内侧、叶耳、叶舌处吸食液汁，逐渐从旗叶叶鞘顶部或叶鞘裂缝处侵入尚未抽出的麦穗，破坏花器，一旗叶内有时可群集数十至数百头成虫，当穗头抽出后，成虫又飞至未抽出及半抽出的麦穗内，成虫为害及产卵时间仅2~3天。成虫羽化后7~15天开始产卵，多为不规则的卵块，被胶质粘固，卵块的部位较固定，多产在麦穗上的小穗基部和护颖的尖端内侧。每小穗一般有卵4~55粒。卵期6~8天，幼虫在6月上中旬小麦灌浆期，为害最盛。7月上中旬陆续离开麦穗停止为害。

小麦皮蓟马的发生程度与前作及邻作有关，凡连作麦田或邻作也是麦田，则发生重。另与小麦生育期有关，抽穗期越晚为害越重，反之则轻。一般早熟品种受害比晚熟品种轻，春麦比冬麦受害重。

【防治方法】

(1) 秋后及时进行深耕，压低越冬虫源。清除晒场周围杂草，破坏越冬场所。

(2) 化学防治。在小麦孕穗期，大批蓟马飞至麦穗产卵为害，此时是防治成虫的有利时期。小麦扬花期是防治初孵若虫的有利时期。可用 40%乐果乳油 500 倍液，或用 80%敌敌畏乳油 1 000 倍液，或用 90%晶体敌百虫，或用 50%马拉硫磷2 000 倍液喷雾，每亩用药液 75 千克。

二十、小麦管蓟马

小麦管蓟马属昆虫纲缨翅目管蓟马科。主要为害小麦、大麦、黑麦、燕麦、向日葵、蒲公英、狗尾草等。

【形态特征】成虫体长 1.5~2.2 毫米，体黑褐色，翅 2 对，边缘具长缨毛，前翅无色，仅近基部较暗。头略呈方形，3 个单眼呈三角形排列在复眼间。触角 8 节，第三节长是宽的 2 倍，第三、第四、第五节基部较黄。腹部末端延长成管状，叫做尾管。卵长约 0.45 毫米，长椭圆形，黄色。若虫无翅，初孵若虫浅黄色，后变橙红色，触角、尾管黑色。前蛹较 2 龄若虫短，浅红色，翅芽显露。伪蛹触角伸向头两侧，翅芽增长，色深。

小麦管蓟马成虫

【生活习性】 1年发生1代，以若虫在麦根或场面地下10厘米处越冬。翌年日均温8℃时开始活动，一般5月中旬进入化蛹盛期，5月中下旬羽化，6月上旬进入羽化盛期，羽化后进入麦田，在麦株上部叶片内侧叶耳、叶舌处吸食汁液，后从小麦旗叶叶鞘顶部或叶鞘缝隙处侵入尚未抽出的麦穗上，为害花器，有时一个旗叶内群集数十头至数百头成虫，待穗头抽出后，成虫又转移到未抽出或半抽出的麦穗里，成虫为害及产卵时间仅2~3天。成虫羽化后7~15天开始产卵，把卵产在麦穗顶端2~3个小穗基部或护颖尖端内侧，卵排列不整齐，卵期6.5~8.4天。7月上旬冬麦收获时，部分若虫掉到地上，就此爬至土缝中或集中在麦捆或麦堆下，大部分爬至麦茬丛中或叶鞘里，有的随麦捆运到麦场越夏或越冬。新垦麦地、春小麦及晚熟品种受害重。

小麦管蓟马若虫

【防治方法】

（1）秋季或麦收后及时进行深耕，清除麦场四周杂草，破坏其越冬场所，可压低越冬虫口基数。

（2）在小麦孕穗期，大批蓟马成虫飞到麦田产卵时，及时喷洒10%吡虫啉可湿性粉剂2 000倍液。

二十一、麦蛾

麦蛾属鳞翅目麦蛾科，分布于全国各地。寄主为小麦、玉米、稻谷、高粱及禾本科杂草等的籽粒。

【为害特点】幼虫蛀食小麦等作物籽粒。

【形态特征】成虫体长4~5毫米，翅展14~18毫米，体灰黄色；复眼黑色，触角丝状，灰褐色；头顶和颜面密布灰褐色鳞毛；下唇须灰褐色，第二节较粗，第三节末端尖细，略向上弯曲，不超过头顶；前翅灰白色，似竹叶形，通常有不明显的黑褐色斑纹，后缘毛长，褐色；后翅灰白色，呈梯形，外缘凹入，顶角尖而突出，后缘毛很长，与翅面宽相等。卵扁椭圆形，长0.5~0.6毫米，一端小平截，表面具纵横纹，乳白色至浅红色。幼虫体长5~8毫米，初孵浅红色，2龄后变浅黄白色，老熟时乳白色，头小；胸部较膨大，后逐渐细小，各节略有皱纹，胸足极小；腹足退化，每足顶端着生1~3个微小的褐色趾钩。蛹长4~6毫米，黄褐色，较细。

麦蛾成虫

【生活习性】南方年生4~6代，北方2~3代，气温高的地区最多12代，以老熟幼虫在粮粒中越冬，化蛹前结白色薄茧，

麦蛾为害小麦籽粒

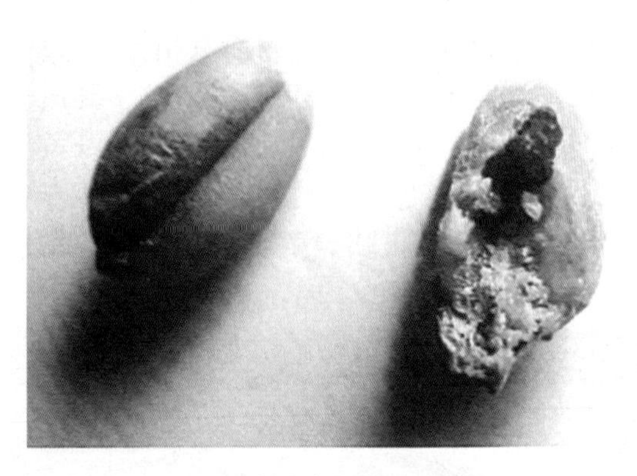

麦蛾在籽粒内化蛹

蛹期 5 天，成虫羽化时把薄膜顶破钻出谷粒，成虫喜在清晨羽化，羽化后马上交尾，成虫寿命 13 天左右，交尾后 24 小时产卵，卵多产在粮堆表层 20 厘米处，7 厘米处最多，也有的成虫飞到田间把卵产在玉米粒上、麦穗上、稻穗上，卵多集产，每雌产卵 389 粒，每粒上一般 1 头，玉米 2～3 头，多的可达 10～20 粒，幼虫可转粒为害，21～35℃发育迅速。

【防治方法】

（1）禾谷类作物贮藏库防治要抓好，防止麦蛾迁入麦田或粮田，要求晒干入仓，入库前摊晒厚度为 3～5 厘米，使晒粮温度达到 45℃，保持 6 小时，可杀死粮食中麦蛾的卵、幼虫和蛹。

（2）入库后，按每片磷化铝熏蒸粮食 150~200 千克的比例，把磷化铝片剂散埋在粮垛里，再把粮垛封严。库内贮粮多时，按每平方米粮堆和空间用药 4~5 片，每处放数粒埋于粮面下 50 厘米处和粮仓四周，投药后密闭，气温 20℃封闭熏蒸 3~4 天。

（3）田间防治，以杀卵和初孵化幼虫为主，把其消灭在钻蛀之前。具体方法于当地麦蛾产卵盛期至卵孵高峰期，当每穗有卵 2 粒以上时，每亩喷 50%辛硫磷乳油或 40%氧化乐果乳油 75 毫升，对水 50 千克喷雾或用弥雾机对水 20 千克喷雾。

主要参考文献

李长松，李明立，齐军山. 2013. 中国小麦病害及其防治［M］. 上海：上海科学技术出版社.

宋志伟，刘铁群，宋俊伟. 2015. 小麦规模生产与经营［M］. 北京：中国农业出版社.

汪建来. 2016. 小麦生产技术［M］. 合肥：合肥工业大学出版社.

杨立国. 2016. 小麦种植技术［M］. 石家庄：河北科学技术出版社.